城镇燃气职业教育培训教材

中国城市燃气协会指定培训教材

燃气燃烧基础知识

Ranqi Ranshao Jichu Zhishi

主编 吕 瀛

重庆大学出版社

内容提要

本书系统讲述了燃气供应系统中燃气燃烧的基本理论和基本知识,图例较为丰富,内容深度适宜。全书共7章,主要内容包括:燃气燃烧的基本概念、燃烧热力学、燃气燃烧反应动力学、燃气燃烧的火焰传播、燃气燃烧方法、燃烧与环境保护、燃气燃烧器,结合企业、职业的岗位需求进行有针对性的知识介绍。

本书可作为城镇燃气职业培训人员和受训人员的使用教材,也可供燃气工程设计、施工、运行管理及科研院所的技术人员参考。

图书在版编目(CIP)数据

燃气燃烧基础知识/吕瀛主编 . —重庆:重庆大
学出版社,2011.9(2021.1重印)
城镇燃气职业教育培训教材
ISBN 978-7-5624-5836-4

Ⅰ.①燃… Ⅱ.①吕… Ⅲ.①气体燃料—燃烧—职业
教育—教材 Ⅳ.①TQ517.5

中国版本图书馆 CIP 数据核字(2010)第 241245 号

燃气燃烧基础知识

主 编 吕 瀛
策划编辑 李长惠 张 婷
责任编辑:张 婷 版式设计:张 婷
责任校对:任卓惠 责任印制:赵 晟

*

重庆大学出版社出版发行
出版人:饶帮华
社址:重庆市沙坪坝区大学城西路 21 号
邮编:401331
电话:(023) 88617190 88617185(中小学)
传真:(023) 88617186 88617166
网址:http://www.cqup.com.cn
邮箱:fxk@ cqup.com.cn (营销中心)
全国新华书店经销
POD:重庆新生代彩印技术有限公司

*

开本:787mm×1092mm 1/16 印张:8.5 字数:212 千
2011 年 9 月第 1 版 2021 年 1 月第 3 次印刷
ISBN 978-7-5624-5836-4 定价:25.00 元

城镇燃气职业教育培训教材编审委员会

序　言

随着我国城镇燃气行业的蓬勃发展,现代企业的经营组织形式、生产方式和职工的技能水平都面临着新的挑战。

目前我国的燃气工程相关专业高等教育、职业教育招生规模较小;在燃气行业从业人员(包括管理人员、技术人员及技术工人等)中,很多人都没有系统学习过燃气专业知识。燃气企业对在职人员的专业知识和岗位技能培训成为提高职工素质和能力、提升企业竞争能力的一种有效途径,全国许多省市行业协会及燃气企业的技术培训机构都在积极开展这项工作。

在目前情况下,组织编写一套具有权威性、实用性和开放性的燃气专业技术及岗位技能培训系列教材,具有十分重要的现实意义。立足于社会发展对职工技能的需求,定位于培养城镇燃气职业技术型人才,贯彻校企结合的理念,我们组建了由中国城市燃气协会、北京燃气集团、重庆大学、哈尔滨工业大学、北京建筑工程学院、天津城市建设学院、郑州燃气股份有限公司、港华集团等单位共同参与的编写队伍。编委会邀请到哈尔滨工业大学的段常贵教授、中国城市燃气协会迟国敬副秘书长担任顾问,北京建筑工程学院詹淑慧教授担任执行总主编,重庆大学彭世尼教授担任总主编。

本套培训教材以提高燃气行业员工技能和素养为目标,突出技能培训和安全教育,本着"理论够用、技术实用"的原则,在内容上体现了燃气行业的法规、标准及规范的要求;既包含基本理论知识,更注重实用技术的讲解,以及燃气施工与运用中新技术、新工艺、新材料、新设备的介绍;同时以丰富的案例为支持。

本套教材分为专业基础课、岗位能力课两大模块。每个模块都是开放的,内容不断补充、更新,力求在实践与发展中循序渐进、不断提高。在教材编写工作中,北京燃气集团提出了构建体系、搭建平台的指导思想,作为北京市总工会职工大学"学分银行"计划试点企业,将本套培训教材的开发与"学分银行"计划相结合,为该职业培训教材提供了更高的实践平台。

教材编写得到了中国城市燃气协会、北京燃气集团的全力支持,使一些成熟的讲义得到进一步的完善和推广。本套培训教材可作为我国燃气集团、燃气公司及相关企业的职工技能培训教材,可作为"学分银行"等学历教育中燃气企业管理专业、燃气工程专业的教学用书。通过本套教材的讲授、学习,可以了解城市燃气企业的生产运营与服务,明确城镇燃气行业不同岗位的技术要求,熟悉燃气行业现行法规、标准及规范,培养实践能力和技术应用能力。

编委会衷心希望这套教材的出版能够为我国燃气行业的企业发展及员工职业素质提高做出贡献。教材中不妥及错误之处敬请同行批评指正!

编委会

2011 年 3 月

前　言

随着我国天然气事业的发展,燃气行业的从业人员需求量越来越大,然而关于培训这部分人员所需的教材体系尚未建立,直接影响着从业人员的理论知识水平和技能水平。

《燃气燃烧基础知识》是城镇燃气职业培训系列教材之一。教材结合我国目前燃气事业的发展和应用情况,系统讲述了燃气供应系统中燃气燃烧的基本理论和基本知识,具体内容包括:燃气燃烧的基本概念、燃烧热力学、燃气燃烧反应动力学、燃气燃烧的火焰传播、燃气燃烧方法、燃烧与环境保护、燃气燃烧器。

本教材的主编单位为北京市燃气集团有限责任公司。第一、四章由北京燃气学院吕瀛编写;第二、三、六、七章由北京建筑工程学院徐鹏编写;第五章由港华燃气有限公司王毅编写。

本书可作为城镇燃气职业培训人员和受训人员的使用教材,也可供燃气工程设计、施工、运行管理的技术人员参考。编者水平有限,请各位读者在使用中提出宝贵的意见与建议,帮助本套教材不断完善、提高。

编　者
2011 年 7 月

目　录

1 燃气燃烧的基本概念

核心知识

- 燃气热值

- 燃气燃烧所需空气量

- 燃烧产物

- 燃气的着火温度和爆炸极限

- 燃气的互换性

学习目标

- 掌握热值的概念

- 熟悉燃气爆炸极限的概念

- 理解燃气燃烧所需空气量和燃烧产物 CO 的
  含量

所有可以燃烧的气体称为燃气。城镇燃气是供居民生活、工厂企业生产、商业用、汽车用、供暖、发电等的燃料。

要想在实际应用中控制燃气燃烧过程以达到预期的燃烧效果，并且不对人及环境产生危害，只有充分了解燃气燃烧的机理，才能做到。

燃气中含有可燃气体、不可燃气体、混杂气体及其他杂质。气体燃料有易燃易爆的特性。

1.1
燃气的热值

燃气通过燃烧放出热量，供人们生产和生活用。人们为了更方便和高效利用燃气这种能源，需要对燃烧过程中产生的热值、效率进行计算，这就首先要学习燃烧反应计量方程式。

1.1.1 燃气燃烧及燃烧反应计量方程式

气体燃料中的可燃成分包括：H_2，CO，C_mH_n 等。燃气在一定条件下与氧发生激烈的氧化作用，并产生大量的热和光的物理化学反应过程称为燃烧。

从燃烧的定义可知，燃气燃烧的必要条件是：有燃气、氧气和温度（火源）同时存在，缺一不可。但是，具备了这三个条件不一定能发生燃烧，这是因为燃气燃烧的充分必要条件是：燃气中的可燃成分和（空气中的）氧气需按一定比例呈分子状态混合；参与反应的分子在碰撞时必须具有破坏旧分子和生成新分子所需的能量；具有完成反应所必需的时间。

燃气燃烧过程是按照化学方程进行的，这个化学反应方程式就是燃烧反应计量方程式，它是燃气进行燃烧计算的依据。它表示各种单一可燃气体燃烧反应前后物质的变化情况以及反应前后物质间的体积和重量的比例关系。例如：

$$CH_4 + 2O_2 = CO_2 + 2H_2O + \Delta H$$

表示 1 个 CH_4 分子与 2 个 O_2 分子完成燃烧后,生成 1 个 CO_2 分子与 2 个 H_2O 分子,同时放出一定的热量 ΔH。碳氢化合物 C_mH_n 的燃烧计量方程式用下列通式表示:

$$C_mH_n + \left(m + \frac{n}{4}\right)O_2 = mCO_2 + \frac{n}{2}H_2O + \Delta H$$

常见的单一可燃气体与氧完全燃烧的反应计量方程式(简称燃烧反应式)列于附录中。

1.1.2 燃气热值的确定

什么是燃气的热值呢? 它指的是单位体积($1\ m^3$)燃气燃烧所放出的热量(称为该燃气的热值),单位为 kJ/m^3。对于液化石油气,热值单位也可用 kJ/kg。

燃气燃烧产生的烟气中,由于 H_2O 的状态存在气态和液态两种,以这两种状态排出时所带走的热量不同,热值可分为高热值和低热值。

高热值是指 $1\ m^3$ 燃气完全燃烧后其烟气被冷却至原始温度,而其中的水蒸气以凝结水状态排出时所放出的热量。

低热值是指 $1\ m^3$ 燃气完全燃烧后其烟气被冷却至原始温度,但烟气中的水蒸气仍为蒸气状态时所放出的热量。

显然,燃气的高热值在数值上大于其低热值,二者的差值为水蒸气的气化潜热。

在日常生活中产生的烟气大都没有被处理,是直接排走的,水蒸气通常是以气体状态排出的。所以,我们在谈到燃气热值时,指的是低热值。在实际工程中常用燃气低热值进行计算。在某些工业燃烧设备中,对烟气采取了冷却处理,温度冷却至露点温度以下,水蒸气的气化潜热得到了利用,这时得到的热值才是高热值。

常见的单一可燃气体的高热值和低热值列于附录中。

实际使用的燃气是含有多种组分的混合气体。混合气体的热值可以直接用热量计测定,也可以由各单一气体的热值根据混合法则进行计算。

热值混合法则如下: $\qquad H = H_1y_1 + H_2y_2 + \cdots + H_ny_n = \sum_{i=1}^{n} H_iy_i \qquad$ (1-1)

式中　　H ——燃气热值;

　　　　$H_1, H_2, \cdots, H_n$ ——燃气中各组分的热值;

　　　　$y_1, y_2, \cdots, y_n$ ——燃气中各组分容积成分。

1.2
燃气燃烧所需空气量

根据上节所述,燃烧可以发生的必要条件之一就是反应需要一定数量的氧气。供给的氧气量通常转化为所需空气量。供给空气量过多或过少,都会导致燃烧效果不好,热效率降低。燃烧所需空气量的多少,是我们了解燃烧设备燃烧质量的基础知识之一。

1.2.1 理论空气需要量

任何一种燃气燃烧必须有氧气参与,通常所用燃烧设备需用的氧气量来自空气当中。按空气中氧的体积分数为21%可由需氧量计算出所需空气量。由此计算出的空气量称为理论空气量,即每 m^3(或 kg)燃气按燃烧反应计量方程式完全燃烧所需的空气量,单位为 m^3/m^3 或 m^3/kg。理论空气需要量也是燃气完全燃烧所需的最小空气量。

各单一可燃气体燃烧所需的理论空气量可按附录查出。

对于某种燃气而言,其热值已知时,理论空气量 V_0 可按下列公式近似计算:

当燃气的低热值小于 10 500 kJ/m^3 时:

$$V_0 = \frac{0.209}{1\,000}H_1 \tag{1-2}$$

当燃气的低热值大于 10 500 kJ/m^3 时:

$$V_0 = \frac{0.209}{1\,000}H_1 - 0.25 \tag{1-3}$$

对烷烃类燃气(天然气、石油伴生气、液化石油气)可采用:

$$V_0 = \frac{0.268}{1\,000} \tag{1-4}$$

$$V_0 = \frac{0.24}{1\,000}H_h \tag{1-5}$$

上述式中 H_1,H_h 分别为低热值和高热值量符号。

1.2.2 实际空气需要量

实际使用时,保证燃烧设备正常工作所需空气量要大于理论计算量。

理论计算量是保证燃气能够完全燃烧掉所必需的最小供给空气量。这是因为,燃气和空气混合过程中,不能保证每个燃气分子和空气中的氧气分子都能发生碰撞,因此,需要多供给一定数量的空气,以增加分子间相互碰撞的机会,目的就是保证燃料充分燃烧。

多供给的那部分空气量,用"过剩空气系数"来描述。"过剩空气系数"是燃烧设备在设计、制造、应用、维护中的一个重要参数。

过剩空气系数的定义为:实际供给的空气量 V 与理论空气需要量 V_0 之比。用 α 表示:

$$\alpha = \frac{V}{V_0} \tag{1-6}$$

实际过剩空气系数的大小,表示的是燃气与氧的混合程度,或者是燃气与氧气的配比程度,它决定燃气燃烧方式和燃烧设备运行工况。

民用燃气燃烧设备的 α 值一般控制在 $1.3 \sim 1.8$。

1.3
燃烧产物中 CO 的含量

燃气燃烧过后会有烟气,烟气也叫燃烧产物。燃烧产物最终是要排放到人们生活和工作的环境中去。因此,我们需要了解燃烧产物里含有哪些物质,这些物质对人身和环境是否有害,有害物质的含量有多少。

注意:含量仅系一般性术语用于对某物质不同量的泛称,如一般性地说,该燃烧产物中 CO 的含量高或低等,但将其用于表示具体量时则概念显得模糊,它未表明是以 CO

的质量、体积或物质的量来表明它在燃烧产物中占有的百分数。对气态物质而言,常以其体积表量,此时的含量应是指体积分数,如 CO 的体积分数,其符号为 $\varphi(CO)$。本教材中采用行业习语容积成分代表体积分数,即用 CO 的容积成分表示,其符号为 γ_{CO}。

1.3.1 燃烧产物

燃烧产物中含有的物质成分有些来自燃气本身,有些来自燃烧过程,也跟燃烧的完全程度有关。当只供给理论燃气量时,燃气完全燃烧后产生的烟气量称为理论烟气量。在理论烟气量中含有的物质成分有:CO_2,SO_2,N_2,H_2O。不含有 H_2O 的烟气称为干烟气,含有 H_2O 的燃气称为湿烟气。CO_2,SO_2 合称为三原子气体,用 RO_2 表示。

在实际燃烧中,燃烧过程伴有过剩空气,这种情况下的燃烧产物称为实际烟气。实际烟气中的物质成分有:CO_2,SO_2,N_2,H_2O,O_2。

如果燃烧过程中,所供给空气量不够,则会出现燃气中的可燃成分没有参加燃烧反应,直接进入烟气,或有些可燃成分燃烧不完全,这时的燃烧产物中会含有可燃成分:CO,CH_4,H_2。

例如:我们在家庭厨房中长时间使用燃烧设备,在不能保证充分通风时,空气中的 O_2 含量降低,导致燃气燃烧需氧量不足,燃烧产物中会含有不完全燃烧成分 CO。

1.3.2 燃烧产物中 CO 的含量确定

在燃烧产物中,不完全燃烧 CO 的含量远大于 CH_4,H_2 等物质的含量。因此,工程上常将 CO 的含量视为烟气中的不完全燃烧产物。

CO 对人体的伤害较大。很多事故的发生是由于人们对燃烧设备的使用不当,排放到环境中的烟气含有较多的 CO,导致人员伤亡。

烟气中 CO 含量的多少是值得我们关注的,确定 CO 的含量我们可以采用以下的方法:一是可以用分析仪器对烟气中 CO 的含量进行测定;二是通过计算确定。

计算烟气中 CO 的含量(容积成分),公式如下:

$$\gamma_{CO'} = \frac{21 - \gamma_{O_2} - \gamma_{RO_2}(1 + \beta)}{0.605 + \beta} \tag{1-7}$$

式中　　$\gamma_{CO'}$——烟气中 CO 的容积成分;

$\gamma_{O_2'}$ ——烟气中 O_2 的容积成分；

$\gamma_{RO_2'}$ ——烟气中三原子气体的容积成分；

β ——燃料特性系数,它只与燃料的组成有关,对一定组成的燃料,β 为定值。

      天然气的 $\beta = 0.75 \sim 0.8$;液化石油气的 $\beta = 0.5$。

1.3.3 燃烧图

不同的燃烧状况,燃烧产物中的成分不同,我们可以利用仪器直接测量法计算,也可以根据燃烧工况进行分析计算得到烟气组分及含量。

文献[1]指出:燃气燃烧时,燃气与空气的混合程度及燃烧工况有 4 种。

过剩空气系数为 1 时的完全燃烧工况；

过剩空气系数大于 1 时的完全燃烧工况；

过剩空气系数小于 1,燃烧过程中,空气中的氧气被全部消耗掉的燃烧工况；

不完全燃烧工况。

对于给定的燃气资料,可以制成燃烧图,如图 1.1(a),(b)所示。它能明确地表示出在上述 4 种燃烧工况下燃烧计算的结果。

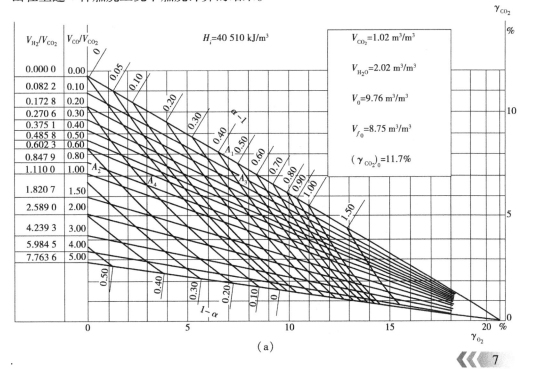

(a)

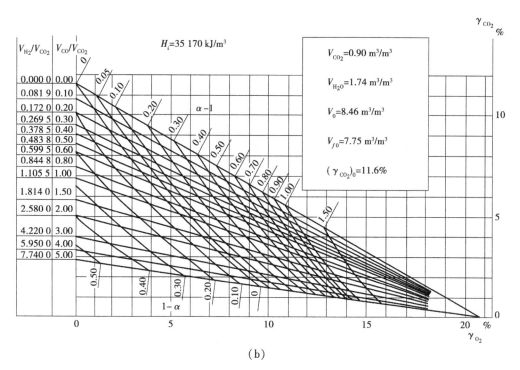

（b）

图1.1　天然气燃烧图

图1.1（a），（b）分别表述了热值40 510 kJ/m³，35 170 kJ/m³的4种燃烧工况，图中 V_{H_2}，V_{CO}，V_{CO_3}，V_N，V_{H_2O} 分别代表燃气中 H_2，CO，CO_2，N，H_2O 的体积，V_{f0} 表理论干烟气体积。

燃烧图应用举例如下：

利用燃烧图对热值为40 510 kJ/m³ 的天然气的燃烧工况进行分析。

（1）烟气中 $\gamma_{CO_2}=7.7\%$，$\gamma_{O_2}=7.2\%$

对应图1.1（a）得出 A_1 点，它位于 V_{CO}/V_{CO_2}，V_{H_2}/V_{CO_2} 为零的线上，所以，V_{CO}/V_{CO_2}，$V_{H_2}/V_{CO_2}=0$，即 CO 和 H_2 含量为零，为过剩空气系数大于1时的完全燃烧工况。

同时从图1.1（a）A_1 点查得：$\alpha-1=0.48$

$$\alpha=1.48$$

干烟气的容积成分为：$\gamma_{CO_2}=7.7\%$

$$\gamma_{O_2}=7.2\%$$

$$\gamma_{N_2}=100\%-(7.7+7.2)\%=85.1\%$$

（2）烟气中 $\gamma_{CO_2}=7\%$，$\gamma_{O_2}=0\%$

对应图1.1(a)得出A_2点,它位于含氧量为零的线上,$V_{CO}/V_{CO_2}=1.0$,$V_{H_2}/V_{CO_2}=$
1.11。即烟气中不含氧,但含有CO和H_2,为过剩空气系数小于1时的完全燃烧工况。

同时从图1.1(a)A_2点查得:$\alpha-1=0.27$

$$\alpha=1.27$$

干烟气的容积成分为:$\gamma_{CO_2}=7\%$

$$\gamma_{CO}=1\times7\%=7\%$$

$$\gamma_{O_2}=0\%$$

$$\gamma_{H_2}=1.11\times7\%=7.8\%$$

$$\gamma_{N_2}=100\%-(7+7+7.8)\%=78.2\%$$

(3)烟气中$\gamma_{CO_2}=7\%$,$\gamma_{O_2}=7.2\%$

对应图1.1(a)得出A_3点,$CO/CO_2=0.13$,$H_2/CO_2=0.11$。即烟气中含氧,含有
CO和H_2,为过剩空气系数大于1时的不完全燃烧工况。

同时从图1.1(a)A_3点查得:$\alpha-1=0.4$

$$\alpha=1.4$$

干烟气的容积成分为:$\gamma_{CO_2}=7\%$

$$\gamma_{CO}=0.13\times7\%=0.9\%$$

$$\gamma_{O_2}=7.2\%$$

$$\gamma_{H_2}=0.11\times7\%=0.8\%$$

$$\gamma_{N_2}=100\%-(7+0.9+7.2+0.8)\%=84.1\%$$

(4)烟气中$\gamma_{CO_2}=7\%$,$\gamma_{O_2}=2.5\%$

对应图1.1(a)得出A_4点,$V_{CO}/V_{CO_2}=0.7$,$V_{H_2}/V_{CO_2}=0.67$。即烟气中含氧,含有
CO和H_2,为过剩空气系数小于1时的不完全燃烧工况。

同时从图1.1(a)A_4点查得:$\alpha-1=0.1$

$$\alpha=1.1$$

干烟气的容积成分为:$\gamma_{CO_2}=7\%$

$$\gamma_{CO}=0.7\times7\%=1.9\%$$

$$\gamma_{O_2}=2.5\%$$

$$\gamma_{H_2}=0.67\times7\%=4.7\%$$

$$\gamma_{N_2}=100\%-(7+2.5+4.9+4.7)\%=80.9\%$$

1.4

燃气的着火温度和爆炸极限

燃气具有易燃易爆的特性,当燃气与空气按一定比例混合,达到一定温度时,可以被点燃,在特定条件下可以形成爆炸。

1.4.1 燃气的着火温度

燃气开始燃烧时的温度称为着火温度。不同的可燃气体着火温度不同,燃气空气的混合比例不同,着火温度不同,从图 1.2 中可以看出,不同燃气的着火温度的变化。

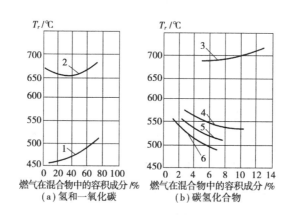

图 1.2 着火温度和可燃混合物组成的关系

1—氢;2——氧化碳;3—甲烷;4—乙烷;5—丙烷;6—丁烷

在纯氧中的着火温度比在空气中的着火温度低 50 ~ 100 ℃。单一气体在常压 293.15 K时的着火温度见表 1.1。

表 1.1 各单一气体在常压下 293.1 K 的着火温度

气体名称	分子式	着火温度 T/K
氢气	H_2	673
一氧化碳	CO	878
甲烷	CH_4	813
乙炔	C_2H_2	612
乙烯	C_2H_4	698
乙烷	C_2H_6	788
丙烯	C_3H_6	733
丙烷	C_3H_8	723
丁烯	C_4H_8	658
丁烷	$n\text{-}C_4H_{10}$	638
戊烯	C_5H_{10}	563
戊烷	C_5H_{12}	533
苯	C_6H_6	833
硫化氢	H_2S	543

1.4.2 爆炸浓度极限

不是所有的燃气与空气混合只要有火就能形成爆炸。只有当燃烧与空气混合达到一定比例且满足一定条件时,才能形成爆炸。这个比例范围就是形成爆炸的燃气浓度范围。这里的燃气浓度是指空气中燃气体积占有的百分数,或称燃气体积分数、燃气容积成分。

引起爆炸的可燃气体浓度范围称为爆炸极限。能发生爆炸的最低浓度为爆炸下限,能够发生爆炸的浓度上限称为爆炸上限。燃气的爆炸极限与燃气的压力、温度等条件有关,在第 3 章进行讲解。

几种可燃气体的爆炸限度见表 1.2

表 1.2   几种可燃气体的爆炸限度   单位:%

燃气种类名称		天然气					人工煤气							液化石油气	
		四川天然气	西气东输天然气	大庆石油伴生气	大港石油伴生气	华北石油伴生气	焦炉煤气	直立炉煤气	加压气化煤气	发生炉煤气	水煤气	催化裂解油煤气	热裂解油煤气	北京	大庆
爆炸极限	上限	15	15.1	14.2	14.2	14.1	35.8	40.9	50.5	67.7	70.4	42.9	25.7	9.7	9.7
	下限	5	5	4.2	4.4	4.4	4.5	4.9	9.3	21.5	6.2	4.7	3.7	1.7	1.7

在日常操作过程中,必须注意的是,当燃气设备或管道发生泄漏,都有可能发生着火或爆炸。所以,在日常管理运行中,要严防燃气泄漏,发现泄漏要立即采取有效措施。

 爆炸事故案例

以下前 3 例事故的起因均为用户违章安装使用。

案例一

事故情况:

2005 年 5 月 30 日北京大兴西红门某一小区一住户由于厨房整体装修和包封,橱柜内连接灶具与热水器燃气软管用 Y 型三通连接处脱落,燃气泄漏造成爆燃。

问题分析:

《燃气室内工程设计施工验收技术规定》中规定:燃气管线暗设时应设通风孔;在软管连接时不得使用三通,形成两个支管。

案例二

事故情况:

2007 年 1 月 1 日北京玉渊潭某小区一住户厨房发生爆炸,经查该户为商住两用,厨房内在嵌入式双眼灶后违章用软管接了一台单眼灶。事发前,当事人正在做饭,曾开灶下厨柜取锅,由于取锅剐蹭胶管造成胶管松脱漏气,形成爆燃。

问题分析：

《燃气室内工程设计施工验收技术规定》中规定：软管与燃具连接应牢固，不易脱落，软管不得产生弯曲、拉伸现象。

案例三

事故情况：

2006年6月6日北京潘家园某小区一住户安装灶具后，灶具厂家工作人员未将胶管与灶具连接，导致漏气后爆燃。

问题分析：

《北京市燃气管理条例》第二十九条中明确规定：燃气设施的安装应当委托燃气供应单位实施作业。

案例四

北京某公寓由于以下几种原因，造成室内燃气大量泄漏引发火灾。下图为火灾后现场。

①连接灶具胶管意外脱落；

②灶具长时间未关；

③人为因素拆卸室内燃气管道。

1.5
燃气的互换性

可燃气体通过在燃烧设备上燃烧,才能充分地利用气体燃料的热能。而燃烧设备燃烧器的设计是按燃气组分设计的,不同的燃气对应的燃烧设备不同。由于燃气发展的历史阶段不同可能会出现制气原料、工艺、气源的种类不同,一座城市,由于种种原因需要改变气源(以另一种气源替代现有气源)。气源发生了改变,而与原先气源对应、在用的大量的燃烧设备,还能否适应新气源,这就需要了解燃气的互换性概念。

例如:北京市于 1990 年开始对人工燃气用户进行置换,改用清洁高效的天然气,使北京的环境也得到了较大改善。

1.5.1　燃气的互换性的概念

当一种燃烧设备是以某种燃气 a 为基准气进行设计的,现在,由于某种原因要以 b 燃气置换 a 燃气。如果对燃烧设备不做任何调整,而能保证这台燃烧设备正常工作,则称为 b 燃气可以置换 a 燃气,也就是 b 燃气对 a 燃气可以互换。a 燃气称为"基准气",b 燃气称为"置换气"。反之,如果置换后燃具不能正常工作,则称 b 燃气对 a 燃气没有互换性。

互换性不一定可逆,a 燃气可以置换 b 燃气并不代表 b 燃气可以置换 a 燃气。燃气的互换性是在燃具上体现出来的,燃具能不能有更好的适应性与燃具本身性能有关。

工业燃具大多有专人管理,有仪表控制,具有较好的运行条件,当燃气性质改变时可以通过调节来达到满意的燃烧工况。因此,工业燃具对燃气互换性的要求较低。

民用燃具分布在千家万户,用户在使用时不再随燃气性质的改变对燃具做调整。而一旦出现气源改变,燃具不适用,出现燃烧不稳定状况,将有可能产生不安全的后果。因此,民用燃具对燃气互换性的要求较高,民用燃具所用燃烧器大多为大气式燃烧器。

　　适用于人工燃气的灶具、热水器不能用天然气作为气源。否则将使燃具不能正常使用,形成不安全因素。

　　需注意的是,如果家里使用的燃气是天然气,购买灶具、热水器等燃烧设备时,应明确燃烧设备铭牌上标明的是否适用天然气。

1.5.2　燃气互换性的判定方法

　　以 a 燃气置换 b 燃气,或以 b 燃气置换 a 燃气,能否在原有的燃烧设备上使用,并保证热负荷改变不大,燃烧稳定。需要对互换性进行判定。进行燃气互换性的判定方法有多种,大都是在大气式燃烧器上做的实验。本章只介绍常用的两种方法。

1)华白数

　　华白数是热负荷指数,代表燃气特性的参数。

　　华白数作为判定燃气互换性的指标,它的出发点是燃气互换后保持燃烧器热负荷不变。其目的是为了保证能满足加热工艺,并保证燃烧工况。

　　文献[4]对华白数的计算推导公式如下:

$$q_V = \frac{3\ 600\Phi}{H} \tag{1-8}$$

$$d_j = \sqrt{\frac{q_V}{0.003\ 5\mu}} \cdot \sqrt[4]{\frac{d}{p}} \tag{1-9}$$

式中　q_V——燃气流量,m³/h;

　　　　Φ——燃烧器热负荷,kW;

　　　　H——燃气热值,(分高热值 H_h 和低热值 H_1),kJ/m³;

　　　　d_j——喷嘴直径,mm;

　　　　μ——喷嘴流量系数,$\mu = 0.7 \sim 0.8$;

d ——燃气相对密度；

p ——喷嘴前燃气压力（通常取燃烧器额定压力），Pa。

人工燃气 $P = 1\,000$ Pa；

天然气 $P = 2\,000$ Pa；

液化石油气 $P = 2\,800$ Pa 或 $5\,000$ Pa；

式（1-8）代入式（1-9）得：

$$\phi = \frac{0.003\,5\mu H d_{\mathrm{j}}^2}{3\,600}\sqrt{\frac{d}{p}} \tag{1-10}$$

由式（1-10）可看出，热负荷与喷嘴直径、流量系数、燃气热值、密度、额定压力有关，其中，喷嘴直径、流量系数属于燃烧器结构参数。燃气热值、密度属于燃气参数。把上述影响因素中属于燃气参数的组成在一起，称为"华白数"与"广义华白数"。如果是以 a 燃气为基准气设计的，那么置换气 b 燃气的华白数或广义华白数须在基准气的允许范围内。

$$W = \frac{H}{\sqrt{d}} \tag{1-11}$$

$$W_1 = H\sqrt{\frac{d}{p}} = W\sqrt{p} \tag{1-12}$$

式中　W ——华白数；

P ——燃具喷嘴前的燃气压力；

W_1 ——广义华白数；

H ——发热值，一般取高热值。

两种燃气互换时，只需要它们的华白数变化在一定范围内时，就能在同一燃具上保证相同的热负荷、稳定的火焰、完全燃烧等。一般情况下两种燃气互换时，W 的变化范围为 $\pm5\% \sim \pm10\%$。

2）燃烧势 C_{p}

燃烧势是燃烧速度指数，这个指标反映的是气体燃烧的稳定性，表明火焰是否回火、离焰、黄焰等。

$$C_{\mathrm{p}} = K\frac{1.0\gamma_{\mathrm{H}_2} + 0.6(\gamma_{\mathrm{C}_m\mathrm{H}_n} + \gamma_{\mathrm{CO}}) + 0.3\gamma_{\mathrm{CH}_4}}{\sqrt{d}} \tag{1-13}$$

$$K = 1 + 0.005\,4\gamma_{\mathrm{O}_2}^2$$

式中　C_p ——燃烧势；

　　　γ_{H_2} ——燃气中氢的容积成分，%；

　　　$\gamma_{C_mH_n}$ ——燃气中除甲烷以外的碳化氢化合物容积成分，%；

　　　γ_{CH_4} ——燃气中甲烷的容积成分，%；

　　　γ_{CO} ——燃气中一氧化碳的容积成分，%；

　　　d ——燃气相对密度（空气相对密度为1）；

　　　K ——燃气中氧含量修正系数；

　　　γ_{O_2} ——燃气中氧的容积成分，%。

华白数与燃烧势是目前常用的确定置换气的互换性指标。

城镇燃气的类别及特性指标如表1.3所示。

表1.3　城市燃气的分类（干,0 ℃,101.3 kPa）

类　别		华白系数 $W/(\text{MJ} \cdot \text{m}^{-3})(\text{kcal} \cdot \text{m}^{-3})$		燃烧势 C_p	
		标准	范围	标准	范围
人工燃气	5R	22.7 (5 430)	21.1(5 050)～24.3(5 810)	94	55～96
	6R	27.1 (6 470)	25.2(6 017)～29.0(6 923)	108	63～110
	7R	32.7 (7 800)	30.4(7 254)～34.9(8 346)	121	72～128
天然气	4T	18.0 (4 300)	16.7(3 999)～19.3(4 601)	25	22～57
	6T	26.4 (6 300)	24.5(5 859)～28.2(6 741)	29	25～65
	10T	43.8 (10 451)	41.2(9 832)～47.3(11 291)	33	31～34
	12T	53.5 (12 768)	48.1(11 495)～57.8(13 796)	40	36～88
	13T	56.5 (13 500)	54.3(12 960)～58.8(14 040)	41	40～94
液化石油气	19Y	81.2 (19 387)	76.9(18 379)～92.7(22 152)	48	42～49
	22Y	92.7 (22 152)	76.9(18 379)～92.7(22 152)	42	42～49
	20Y	84.2 (20 113)	76.9(18 379)～92.7(22 152)	46	42～49

注:6T 为液化石油气混空气,燃烧特性接近天然气。

表 1.4 各类城市燃气的试验气特性(干,0 ℃,101.3 kPa)

类别		标准华白数 W /(MJ·m⁻³) (kcal·m⁻³)	试验气	容积成分/%							燃烧特性			
				H_2	CH_4	N_2	C_3H_6	C_3H_8	C_4H_{10}	空气	高热值 Q_g /(MJ·m⁻³) (kcal·m⁻³)	相对密度 d (空气取1)	华白数 W /(MJ·m⁻³) (kcal·m⁻³)	燃烧势 C_p
人工煤气	5R	22.7 (5 430)	\multicolumn{11}{l}{ W:21.1(5 050)～24.3(5 810) }										
			0	54	19	27	—	—	—	—	14.4(3 451)	0.404 0	22.7(5 430)	94
			1	48	25	27	—	—	—	—	16.1(3 839)	0.433 2	24.4(5 833)	84
			2	55	18	27	—	—	—	—	14.2(3 386)	0.399 2	22.4(5 359)	96
			3	32	29	27	—	—	—	—	15.6(3 732)	0.560 3	20.9(4 986)	54
	6R	27.1 (6 470)	\multicolumn{11}{l}{ W:25.2(6 017)～29.0(6 923) }										
			0	58	22	20	—	—	—	—	16.2(3 858)	0.355 8	27.1(6 468)	108
			1	52	29	19	—	—	—	—	18.2(4 341)	0.380 8	29.5(7 053)	98
			2	59	22	19	—	—	—	—	16.3(3 888)	0.346 8	27.6(6 602)	111
			3	35	34	31	—	—	—	—	18.0(4 299)	0.512 7	25.1(6 004)	63
	7R	32.7 (7 800)	\multicolumn{11}{l}{ W:30.4(7 254)～34.9(8 346) }										
			0	60	27	13	—	—	—	—	18.4(4 394)	0.317 2	32.7(7 802)	121
			1	54	34	12	—	—	—	—	20.4(4 877)	0.342 2	34.9(8 337)	110
			2	63	25	12	—	—	—	—	18.0(4 295)	0.298 6	32.9(7 861)	129
			3	37	40	23	—	—	—	—	20.6(4 930)	0.470 0	30.1(7 191)	71
天然气	4T	18.0 (4 300)	\multicolumn{11}{l}{ W:16.7(3 999)～19.3(4 601) }										
			0	—	41	—	—	—	—	59	16.3(3 899)	0.817 5	18.1(4 312)	25
			1	—	44	—	—	—	—	56	17.5(4 184)	0.804 1	19.5(4 666)	26
			2	36	22	42	—	—	—	—	13.3(3 188)	0.553 2	17.9(4 286)	57
			3	—	38	5	—	—	—	57	15.1(3 614)	0.829 2	16.6(3 969)	22
	6T	26.4 (6 300)	\multicolumn{11}{l}{ W:24.5(5 859)～28.2(6 741) }										
			0	—	—	—	—	—	22	78	29.4(7 031)	1.237 9	26.5(6 319)	29
			1	—	—	—	—	—	24	76	32.1(7 670)	1.259 5	28.6(6 834)	30
			2	47	—	41	—	—	12	—	22.0(5 266)	0.678 9	26.8(6 319)	66
			3	—	—	6	—	—	20	74	26.8(6 391)	1.214 3	24.3(5 800)	25

类别	标准华白数 W/(MJ·m^{-3})(kcal·m^{-3})	试验气	H_2	CH_4	N_2	C_3H_6	C_3H_8	C_4H_{10}	空气	高热值 Q_g/(MJ·m^{-3})(kcal·m^{-3})	相对密度 d(空气取1)	华白数 W/(MJ·m^{-3})(kcal·m^{-3})	燃烧势 C_p
天然气			W:41.2(9832)～47.3(11291)										
	10T 43.8 (10451)	0	—	86	14	—	—	—	—	34.2(8179)	0.6125	43.8(10451)	33
		1	—	80	13	—	7	—	—	38.9(9300)	0.6784	47.3(11291)	34
		2	—	86	14	—	—	—	—	34.2(8179)	0.6125	43.8(10451)	33
		3	—	82	18	—	—	—	—	32.6(7798)	0.6290	41.2(9832)	31
			W:48.1(11495)～57.8(13796)										
	12T 53.5 (12768)	0	—	100	—	—	—	—	—	39.8(9510)	0.5548	53.5(12768)	40
		1	—	87	—	—	13	—	—	47.8(11416)	0.6848	57.8(13796)	41
		2	35	65	—	—	—	—	—	30.3(7247)	0.3849	48.9(11680)	88
		3	—	92.5	7.5	—	—	—	—	36.8(8797)	0.5857	48.1(11495)	36
			W:54.3(12960)～58.8(14040)										
	13T 56.5 (13500)	0	—	90	—	—	10	—	—	46.0(10976)	0.6548	56.8(13564)	41
		1	—	84	—	—	16	—	—	49.6(11856)	0.7148	58.7(14023)	41
		2	49	23	—	—	28	—	—	43.7(10447)	0.5969	56.6(13521)	94
		3	—	98	—	—	2	—	—	41.0(9803)	0.5748	54.1(12930)	40
液化石油气			W:76.9(18379)～92.7(22152)										
	19Y	0	—	—	—	—	100	—	—	101.2(24172)	1.5546	81.2(19387)	48
	22Y	0	—	—	—	—	—	100	—	133.8(31957)	2.0812	92.7(22152)	42
	20Y	0	—	—	—	—	75	25	—	109.4(26118)	1.6863	84.2(20113)	46
		1	—	—	—	—	—	100	—	133.8(31957)	2.0812	92.7(22152)	42
		2	—	—	—	100	—	—	—	93.6(22358)	1.4799	76.9(18379)	49
		3	—	—	—	—	100	—	—	101.2(24172)	1.5546	81.2(19387)	48

注:0—基准气;1—黄焰和不完全燃烧的界限气;2—回火的界限气;3—脱火的界限气。

学习鉴定

1. 填空题

(1)_____与_____是目前常用的确定置换气的互换性指标。

(2)华白数是_____,代表燃气特性的参数。

(3)通常天然气的爆炸极限是_____。

(4)_____定义为实际供给的空气量 V 与理论空气需要量 V_0 之比。

2. 问答题

(1)过剩空气系数的概念。燃气燃烧时,燃气与空气的混合程度及燃烧工况有哪4种?

(2)概述燃气与空气混合比例为什么仅在爆炸极限范围内会发生爆炸?

2 燃烧热力学

对于燃烧系统，人们关注的是燃烧温度和成分，因而研究燃烧温度在燃烧学中处于重要的地位。研究燃烧温度主要是利用燃烧热力学的知识分析和处理燃烧过程中化学能转换成热能的关系，利用热力学定律来研究燃烧反应化学平衡条件及计算内能守恒，从而解出燃烧温度。

2.1
生成热和反应热

所有的化学反应都伴随着能量的吸收或释放，燃烧反应也是如此。而能量在燃烧反应中是以热量的形式出现的。我们通过热力学知识可以计算出物质的内能并由此求出燃烧温度。

2.1.1　生成热

将稳定单质或化学元素在化学反应中生成一种化合物时所放出的热量称之为化合物的生成热。在计算中常采用标准生成热。物质的标准摩尔生成热是指在温度为298.15 K、压力为1个大气压(0.1 MPa)的标准状态下由元素生成单位物质的量(1 mol)该物质时所放出的热量，用 $\Delta h_f^{\ominus}$ (kJ/mol)。表2.1列出了一些常用物质的标准生成热。

表2.1　几种物质的标准生成热

物质(分子式)	状　态	$\Delta h_f^{\ominus}$ (kJ·mol^{-1})	物质(分子式)	状　态	$\Delta h_f^{\ominus}$ (kJ·mol^{-1})
氧(O_2)	气	0.00	乙烷(C_2H_6)	气	−84.68
氮(N_2)	气	0.00	丙烷(C_3H_8)	气	−103.85
碳(石墨)(C)	晶体	0.00	n-丁烷(C_4H_{10})	气	−124.73
碳(钻石)(C)	晶体	1.88	l-丁烷(C_4H_{10})	气	−131.59

物质(分子式)	状 态	$\Delta h_f^\ominus$ (kJ·mol^{-1})	物质(分子式)	状 态	$\Delta h_f^\ominus$ (kJ·mol^{-1})
水(H_2O)	气	−241.84	n-戊烷(C_5H_{12})	气	−146.44
水(H_2O)	液	−285.85	n-己烷(C_6H_{14})	气	−167.19
氨(NH_3)	气	−41.02	n-庚烷(C_7H_{16})	气	−187.82
硫化氢(H_2S)	气	−20.63	乙烯(C_2H_4)	气	52.55
二氧化硫(SO_2)	气	−296.84	乙炔(C_2H_2)	气	226.90
三氧化硫(SO_3)	气	−395.72	丙烯(C_3H_6)	气	20.42
一氧化碳(CO)	气	−110.54	甲醇(CH_3OH)	液	−238.57
二氧化碳(CO_2)	气	−393.51	乙醇(C_2H_6O)	液	−277.65
甲烷(CH_4)	气	−74.85	二甲醚	气	−184.10

2.1.2 反应热

热化学是讨论化学反应中热量变化的一门科学,它主要是研究化学能和热能之间的相互转换。

同其他过程一样,化学反应过程中热量的变化也与路径有关,即热量是一个不确定的量。但是,如果化学反应在等压或等容下进行,热量的变化有一个确定的值,它只与系统的初始状态和终了状态有关。因此,化学反应中的热量变化都是在等压或等容条件下测得的。

反应热的定义:某一反应在封闭系统和给定的温度 T 和压力 p 下进行,该系统所释放出的热量就是这一反应过程的反应热,符号 ΔH_c。

1 摩尔的燃料和氧化剂在等温等压条件下完全燃烧释放的热量称为化合物的燃烧反应热。标准状态下的燃烧反应热符号为 $\Delta h_c^\ominus$,单位为 kJ/mol。某些燃料的燃烧反应热列于表 2.2 中,其燃烧产物为 N_2、CO_2 和液态 H_2O。在工程上一般称作高位热值。

表 2.2 燃料在 25 ℃时的燃烧反应热

燃料名称(分子式)	状 态	$\Delta h_c^{\ominus}(kJ \cdot mol^{-1})$	燃料名称(分子式)	状 态	$\Delta h_c^{\ominus}(kJ \cdot mol^{-1})$
碳(石墨)(C)	固	-392.88	十二烷($C_{12}H_{26}$)	固	-8 132.43
氢(H_2)	气	-285.77	十六烷($C_{16}H_{34}$)	固	-10 710.69
一氧化碳(CO)	气	-282.84	乙烯(C_2H_4)	液	-1 411.26
甲烷(CH_4)	气	-881.99	乙醇(C_2H_5OH)	液	-1 370.94
乙烷(C_2H_6)	气	-1 541.39	甲醇(CH_3OH)	液	-712.95
丙烷(C_3H_8)	气	-2 201.61	苯(C_6H_6)	液	-3 273.14
丁烷(C_4H_{10})	液	-2 870.64	环庚烷(C_7H_{14})	液	-4 549.26
戊烷(C_5H_{12})	液	-3 486.95	环戊烷(C_5H_{10})	液	-3 278.59
庚烷(C_7H_{16})	液	-4 811.18	萘($C_{10}H_8$)	固	-5 155.94
辛烷(C_8H_{18})	液	-5 450.50	甲苯(C_7H_8)	液	-3 908.69

燃烧反应热可以由反应组分的生成热来计算

$$\Delta h_c^{\ominus} = \sum_{i=1}^{N} v_i \Delta h_{f,i}^{\ominus} \tag{2-1}$$

式中　　v_i ——第 i 种组分的化学计量系数;

　　　　$\Delta h_{f,i}^{\ominus}$ ——第 i 种组分的标准生成热,kJ/mol;

　　　　N ——反应组分的总数。

例如 $CH_4 + 2O_2 \longrightarrow CO_2 + 2H_2O$ 的燃烧反应热的计算如下:

$\Delta h_c^{\ominus} = [-1 \times (-74.85) - 2 \times 0.0 + 1 \times (-393.51) + 2 \times (-285.85)] kJ/mol =$
　　　　-890.36 kJ/mol

在燃烧学中提到的热值是一个正值,其值与燃烧反应热相等,但符号相反。热值不是固定不变的。

2.2
火焰绝热温度的确定

2.2.1 化学热力学概述

在化学反应当中,如果忽略有化学反应的流动系统中动能和位能的变化,并且除流动功以外没有其他形式的功的交换,则加入的热量应等于该系统焓的增加。

$$Q = \Delta H$$

在定压下静止的化学反应系统中,加入的热量也等于焓的增加。

$$Q_p = \Delta H$$

如果放出热量,则有

$$Q_p = -\Delta H$$

大多数热化学计算都是按热力学封闭体系来进行的,用物质的量的单位 mol 来表述化学计量法最为方便。在可压缩流体的流动问题中,大都使用热力学开口体系,这时用质量单位进行处理最为合适。封闭体系大多采用物质的量的单位,开口体系多半采用质量单位。

对已知的某化学反应,有待确定的最重要热力学数据之一是在特定温度下每种反应物和每种产物都处于某个适当的标准变化速率情况下,此反应过程所产生的能量变化或热焓变化。这种能量或热焓的变化就是我们前面谈到的该特定温度下的反应能或反应热。

以符号 $H^{\ominus}$ 表示物质标准状态下的焓。$E^{\ominus}$ 表示物质标准状态下的内能。对 1 mol 的理想气体而言,有

$$PV = RT \tag{2-2}$$

$$H^{\ominus} = E^{\ominus} + (PV)^{\ominus} = E^{\ominus} + RT \tag{2-3}$$

在 $T = 0$ K 时,式(2-2)简化为

$$H^{\ominus} = E^{\ominus} \tag{2-4}$$

于是，以 0 K 时的热焓或内能为基准值的任一温度下的热焓为

$$(H^{\ominus} - H_0^{\ominus}) = (E^{\ominus} - E_0^{\ominus}) + RT \tag{2-5}$$

$E^{\ominus} - E_0^{\ominus}$ 是以 0 K 时的内能为基准时的某给定温度 T 下的内能值。

以上算式是进行热力学计算的基本推导方法。

 知识拓展

标准状态是指每一种状态都存在一个其聚合体的参考状态。气体的热力学标准参考状态可取为理想气体在大气压和各种温度下的状态。理想气体状态一般是指孤立分子的状况，此时分子之间没有相互作用，并且服从理想气体的状态方程。一定温度下，纯液体和纯固体的标准参考状态是指该物质在一个大气压力下的真实状态。

从热力学第一定律能量守恒出发还可导出两个重要的热化学定律。一个是拉瓦锡—拉普拉斯(Lavoisier-Laplace)定律，另一个是盖斯(G. H. Hess)求和定律。拉瓦锡—拉普拉斯定律指出：化合物的分解热等于它的生成热，分解热以符号 Δh_d 表示，分解热与生成热的符号相反。根据这个定律，我们能够按相反的次序来写热化学方程，从而可以根据化合物的生成热来确定化合物的分解热。使一化合物分解成为组成它的元素所要求供给的热量和由元素生成化合物产生的热量相等，即化合物的分解热等于它的生成热，或在正反应和逆反应中的热量变化大小完全相等而方向相反。盖斯定律提出了一个总热量恒定的定律。即在等压或等容的条件下，给定的化学反应不管是一步完成，或分步完成，其总的热效应相同。这意味着净反应热仅与初始和终了状态有关，而与过程无关。从盖斯定律可得，等压过程中的 ΔH 和等容过程中的 ΔH 与路径无关，所以热化学方程和代数方程一样，也可以相加减。这样，难以直接测定的反应热可以用比较容易通过试验方法取得的反应生成热来计算。

2.2.2 火焰绝热温度的确定

通俗地讲,如果燃烧反应放出的全部热量完全用于提高燃烧产物的温度,则这个温度就叫绝热火焰温度。即混合气经过绝热等压过程达到化学平衡时系统最终达到的温度;或在绝热、无外功、也无动能或位能变化的燃烧过程中,其产物达到的温度称绝热火焰温度,或称理论燃烧温度或燃烧最大温度 t_m。这是反应物所能达到的最高温度,从反应物向外传热以及燃烧不完全都会使产物温度降低。可以通过改变多余空气量来控制绝热火焰温度 t_m。该温度取决于初始温度、压力和反应物的成分,严格的控制产物温度是至关重要的。

对于一定比例的燃气和空气的燃烧反应过程,如果不计参加燃烧反应的燃气和空气的物理热,并假设空气系数 $\alpha = 1$,燃气的低热值为 H_l,每立方米干燃气完全燃烧后所产生的三原子气体、水蒸气、氮的体积分别为 $V_{RO_2}^0$、$V_{H_2O}^0$、$V_{N_2}^0$,则此时所得的烟气温度称为燃烧热量温度 t_{ther} 单位为℃,可用下式计算:

$$t_{ther} = \frac{H_l}{V_{RO_2}^0 c_{p,RO_2} + V_{H_2O}^0 c_{p,H_2O} + V_{N_2}^0 c_{p,N_2}} \tag{2-6}$$

式中　c_p——定压容积热容,kJ/(m³·K);

　　　H_l——燃气的低热值,kJ/m³。

　　　c_{p,RO_2},c_{p,H_2O},c_{p,N_2}——三原子分子(CO₂ 与 SO₂ 的统称)、H_2O、N_2 的平均体积定

　　　　　　　　　　　　　　压热容,kJ/(m³·K)。

已知燃气的化学组成,按照式(2-6)就可计算出燃气的燃烧热量温度。

如果在热平衡方程中将由于化学不完全燃烧(包括 CO₂ 和 H₂O 的分解吸热)而损失的热量考虑在内,则所求得的烟气温度称为理论燃烧温度 t_m。设化学不完全燃烧(包括 CO₂ 和 H₂O 的分解吸热)所损失的热量为 Q_c,则理论燃烧温度 t_m 的计算式为

$$t_m = \frac{H_l - Q_c + (c_{p,g} + 1.20 c_{p,H_2O} d_g) t_g + \alpha V_0 (c_{p,a} + 1.20 c_{p,H_2O} d_a) t_a}{V_{RO_2} c_{p,RO_2} + V_{H_2O} c_{p,H_2O} + V_{N_2} c_{p,N_2} + V_{O_2} c_{p,O_2}} \tag{2-7}$$

式中　$c_{p,g}$,$c_{p,a}$,c_{p,O_2}——燃气、空气、O₂ 的平均体积定压热容,kJ/(m³·K);

　　　d_g,d_a——燃气、空气的含湿量,kg/m³(干气);

　　　t_g,t_a——燃气、空气的温度,℃;

　　　V_0——燃烧所需的理论空气量,m³/m³;

　　　α——过剩空气系数。

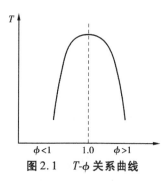

图 2.1 T-ϕ 关系曲线

燃气理论燃烧温度的高低与燃气热值、燃烧产物的热容量、燃气产物的数量、燃气与空气的温度和空气系数等因素有关。

在燃烧计算里,常常希望得到温度随氧和燃料混合比例变化的关系。因此求解火焰温度问题时,可把燃料物质的量取为1,这时就可把氧化剂物质的量当作氧化剂和燃料的混合比(这是标准的作法),这样,系数是1或在通常情况下是比1大的数。在绘制的火焰温度与氧化剂和燃料混合比的关系曲线中,峰值处在化学当量混合比处。如果系统中氧化剂过多,则还必须把剩余的氧加热到与产物相同的温度,于是产物温度从化学当量比峰值处降下来。如果系统中氧化剂不足,即系统是贫氧的,于是就没有足够的氧把所有的碳和氢烧成充分氧化的状态。这时释放能量减少,因而温度也会下降。更常见的是把火焰温度 T 作为当量比 ϕ 的函数来绘制其间的关系曲线,如图 2.1 所示。表 2.3 给出了一些燃料的最高火焰温度。

表 2.3　化学当量比为 1 时各种混合物近似火焰温度,参考温度为 298 K

燃　料	氧化剂	压力/大气压	T/K
乙炔	空气	1	2 600
乙炔	氧	1	3 410
一氧化碳	空气	1	2 400
一氧化碳	氧	1	3 220
(正)庚烷	空气	1	2 290
(正)庚烷	氧	1	3 100
氢	空气	1	2 400
氢	氧	1	3 080
甲烷	空气	1	2 210
甲烷	空气	20	2 270
甲烷	氧	1	3 030
甲烷	氧	20	3 460

知识窗

　　当量:在没有建立物质的量和摩尔单位之前,说明化学反应时元素或化合物间化合质量关系的物理量。对燃烧反应而言,每千克燃料完全燃烧时需要的空气,这种空气和燃料的比称为化学当量比。即实际燃烧时燃料与氧化剂的比值除以理论燃烧时燃料与氧化剂的比值。

学习鉴定

1. 填空题

(1)热化学主要是研究_____和_____之间的相互转换。

(2)如果燃烧反应放出的全部热量完全用于提高燃烧产物的温度,则这个温度就叫_____。

(3)物质的标准生成热为_____ K 和_____个大气压的标准状态下由元素生成 1 摩尔该物质时所放出的热量。

(4)1 摩尔的燃料和氧化剂在_____条件下完全燃烧释放的热量称为化合物的燃烧反应热。

2. 计算题

计算 CH_4 的燃烧反应热。

3 燃气燃烧反应动力学

■ 核心知识

- ■ 燃烧反应的实质
- ■ 化学反应速率
- ■ 链反应
- ■ 燃气的着火
- ■ 燃气的点火

■ 学习目标

- ■ 了解化学反应的实质
- ■ 掌握化学反应速率的影响因素
- ■ 理解燃烧的链反应机理
- ■ 了解燃气的着火方式
- ■ 理解燃气点火的过程
- ■ 掌握燃气点火成功的条件

3.1
化学反应速率

 知识窗

　　有些热力学可行的反应,在动力学上却因为速率太慢而几乎不发生,如常温下氢氧化合生成水,金刚石在常温常压下转化为石墨等。化学动力学研究化学反应的速率和反应的机理,把反应热力学的可能性变为现实性。化学动力学的理论基础是分子运动论、统计力学和量子力学。

3.1.1　分子运动论

　　分子运动论是经典物理学的重要基础理论,它使人类正确认识到了物质的结构和运动的一般规律。它从物质的微观结构出发来阐述热现象规律,也是研究化学反应的重要基础。

　　分子运动论的主要内容有三点:一切物体都是由大量分子构成的,分子之间有空隙;分子处于永不停息的无规则运动状态,这种运动称为热运动;分子间存在着相互作用着的分子力(引力和斥力)。

 **应用举例**

实际上,构成物质的基本单元是多种的,或是原子(金属),或是离子(盐类),或是分子(有机物)。由于这些微粒做热运动时遵从相同的规律,在热力学中统称分子。

分子运动论把物质的宏观现象和微观本质联系起来,阐明了气体的温度是分子平均动能大小的标志,大量气体分子对容器器壁的碰撞而产生对容器壁的压力。此外,它还初步揭示了气体的扩散、热传递和黏滞现象的本质,并解释了许多气体实验定律。分子运动论的成就促进了统计物理学的进一步发展。

3.1.2 化学反应

分子间的作用力有两种:分子间作用力(范德华力)和存在于分子之间的氢键。而化学键是分子或晶体内相邻原子(或离子)间强烈的相互作用,存在于离子化合物、共价化合物、金属单质等的原子(或离子)间。例如,CO_2 分子内有 C-O 共价键,而不同 CO_2 分子间则存在有分子间作用力(范德华力)。

 知识窗

氢键是介于化学键与分子间作用力的特殊作用,一般只出现在 N、O、F 三种非金属元素中。其能量虽比一般的分子间作用力大一些,但比化学键小很多,因此一般仍把氢键归类在分子间作用力里。

化学反应通常和化学键的形成与断裂有关。化学反应的实质是旧的化学键断裂、分子破裂成原子、原子重新排列组合形成新的化学键从而生成新物质的过程。化学反应只限于在原子外的电子云交互作用,而不会以任何方式改变原子核。

古典化学动力学是从分子的观点出发,用化学反应方程式来研究化学反应的。但实验表明,绝大多数化学反应的机理都是十分复杂的,它们并不是按照反应方程式由反应物一步就获得生成物的。反应物分子在碰撞中一次直接转化为生成物分子的反应称为基元反应。绝大多数的化学反应都不是基元反应,往往中间要经历若干个基元反应过程,产生各种中间活性产物(或称活化中心),才能最后转化为生成物。所有这些基元反应代表了反应所经历的途径。

对于基元反应的研究需要应用量子力学与统计力学的知识,属于很深层次的研究,目标是在分子水平上阐明反应速率的本质。以下是一个概要介绍。

3.1.3 基元反应速率理论

根据分子运动论的观点,反应物分子之间的"碰撞"是反应进行的必要条件,但并不是所有"碰撞"都会引起反应。是否能发生反应取决于能量等因素,与碰撞时具体变化过程密切相关。讨论碰撞时具体变化过程也正是速率理论的关键所在。碰撞时实际变化过程的研究首先需要选定一个微观模型,用气体分子运动论(碰撞理论)或量子力学(过渡态理论)的方法,并经过统计平均,导出宏观动力学中速率常数的计算公式。各速率理论的主要区别也主要体现在这一微观模型的差别。随着对反应过程认识的不断深入,由浅入深地发展了如下三种理论。

1)碰撞理论

碰撞理论是研究化学反应速率最早提出的理论,由德国 Max Trautz 及英国的 William Lewis 在 1916 年及 1918 年分别提出,主要适用于气体双分子基元反应。其基本假设如下:

①分子为硬球型;

②反应物分子必须相互碰撞才能发生反应;

③分子之间发生反应,碰撞只是必要条件,只有发生有效碰撞的分子才能发生反应,反应速率与单位时间内的有效碰撞次数成正比;

④只有那些能量超过普通分子平均能量且空间方位适宜的活化分子的碰撞(即"有效碰撞")才能起反应。

根据分子运动论的观点,构成物体的大量分子时刻处于无规则的热运动中,分子之间的碰撞时刻都在发生,但不是每次的碰撞都可以发生反应。只有能量足够高的分子在适宜空间方位的碰撞过程中才能够打破旧的化学键的束缚,发生原子(或离子)的重新组合而形成新的物质。而不具备这种能量的分子之间的碰撞只不过是互不伤害地跳来蹦去而已。能够发生化学反应的碰撞称为有效碰撞,而具有较高能量,能够发生有效碰撞而引起化学反应的分子称为活化分子。

在一定温度下,将具有一定能量的分子百分数对分子能量 E 作图,如图 3.1 所示。从图 3.1 可以看出,原则上来说,反应物分子的能量可以从 0 到 ∞ ,但是具有很低能量和很高能量的分子都很少,具有平均能量 E_a 的分子数相当多。这种具有不同能量的分子数和能量大小的对应关系图,叫作一定温度下分子能量分布曲线图。

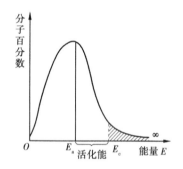

图 3.1 一定温度下分子能量分布曲线图

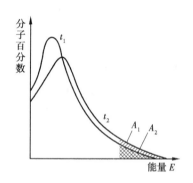

图 3.2 不同温度下分子的能量分布图

图 3.1 中,E_a 表示分子的平均能量,E_c 是活化分子具有的最低能量,能量等于或高于 E_c 的分子可能产生有效碰撞。活化分子具有的最低能量 E_c 与分子的平均能量 E_a 之差叫活化能。

不同的反应具有不同的活化能。反应的活化能越低,则在指定温度下活化分子数越多,反应就越快。

不同温度下分子能量分布是不同的。图 3.2 是不同温度下分子的能量分布示意图。当温度升高时,气体分子的运动速率增大,不仅使气体分子在单位时间内碰撞的次数增加,更重要的是由于气体分子能量增加,使活化分子百分数增大。图 3.2 中,曲线 t_1 表示在 t_1 温度下的分子能量分布;曲线 t_2 表示在 t_2 温度下的分子能量分布($t_2 > t_1$)。

温度为 t_1 时活化分子的多少可由面积 A_1 反映出来;温度为 t_2 时,活化分子的多少可由面积 A_1+A_2 反映出来。从图中可以看到,升高温度,可以使活化分子百分数增大,从而使反应速率增大。

碰撞理论为我们描述了一幅虽然粗糙但十分明确的反应图像,在反应速率理论的发展中起了很大作用。但由于模型过于简单,完全不考查分子内部结构,不能体现分子反应性能的差异,只是一个半经验的理论。

2)过渡状态理论

1935 年,艾林(H. Eyring)、依万斯(M. G. Evans)和波兰尼(M. Polanyi)分别提出了化学反应速率的过渡状态理论,又称"活化络合物理论"。过渡状态理论建立在统计热力学和量子力学的基础上,用量子力学方法对简单反应进行处理,计算反应物分子对相互作用过程中的位能变化。它认为反应物分子在互相接近的过程中,先要经过一个能级较高的中间过渡状态,即形成"活化络合物",再转化成产物。其基本假设如下:

①反应物分子必须首先形成活化络合物,越过过渡状态后,不再返回,直接变为产物;

②反应物分子与即将变为产物的处于过渡状态的活化络合物分子各自遵守玻耳兹曼分布,两者间保持热力学平衡关系;

③处于过渡状态的活化络合物分解为产物的运动,即在反应坐标上的运动,可与其他自由度的运动分离开来,单独进行处理;

④可应用经典统计力学,量子效应可忽略。

该理论的基本出发点认为化学反应从本质上看是原子之间重新排列组合,在此过程中,体系的势能降低,使得反应能够进行下去。通过计算原子间的势能随空间位置变化的函数,可以反映出原子之间成键、断键等有用的信息,对于深入了解分子间反应的微观细节极有好处。

过渡状态理论认为,化学反应的速率与分子的结构密切相关,这较碰撞理论对反应分子结构的简单假设更合理。活化络合物的提出更形象地描绘了基元反应的进程。

但是该理论对复杂的多原子反应的应用受到一定的限制,仍有较大不足之处。

3)分子动态学

分子反应动态学以研究态-态反应为重点,从微观层次认识基元反应的基本规律。研究具有确定量子态的反应物分子经过碰撞而发生的位置、空间取向,以及分子的转动、振动、电子运动状态随时间的变化,最终变成确定量子态的生成物分子过程的反应特征。

分子动态学的研究处于化学动力学的最前沿,是更为深入的理论。它能给出符合实际的反应速率,并可作为检验其他速率理论的标准。然而由于其实验和理论方法的难度都较高,目前还很难作为常规方法应用。

总体来说,人们通过反应速率理论研究所获得的成果,加深了对反应速率本质的认识。

3.1.4 化学反应速率

化学动力学上用"化学反应速率"的概念来反映化学反应进行的快慢。在化学反应进行过程中,反应物与生成物的浓度或质量都在不断变化,反应进行得越快,单位时间内反应物消耗就越多,生成物也越多。既然化学反应进行的快慢与反应物或生成物的量随时间的变化快慢有关,那么就可以用反应物或生成物浓度 C 随时间 t 的变化率来表示化学反应速率。定义化学反应速率:

$$v = \left| \frac{\mathrm{d}C}{\mathrm{d}t} \right| \tag{3-1}$$

化学反应速率可以用任何一种反应物的反应速率或生成物的生成速率来表示。尽管利用不同反应物或生成物计算得到的化学反应速率的数值可能不相等,但它们之间存在着简单的单值函数关系。该函数关系可以利用化学计量比表示。例如,对于已配平的化学反应方程式

$$a\mathrm{A} + b\mathrm{B} \rightarrow x\mathrm{X} + y\mathrm{Y} \tag{3-2}$$

按不同物质计算得到的反应速率之间存在如下关系:

$$\frac{v_\mathrm{A}}{a} = \frac{v_\mathrm{B}}{b} = \frac{v_\mathrm{X}}{x} = \frac{v_\mathrm{Y}}{y} \tag{3-3}$$

按照不同物质的浓度变化计算得到的化学反应速率,其数值大小是不同的。因此,在进行定量分析时,必须明确指出化学反应速率是按照哪一种反应物或生成物计算得到的。

(1)化学反应速率与浓度的关系——质量作用定律

1867 年,古德博格(G. M. Guldberg)和瓦格(P. Wage)发现,在一定温度下,化学反应速率正比于参加反应的所有反应物浓度的乘积。这一关系被称为质量作用定律。近

代实验证明,质量作用定律只适用于基元反应,因此该定律可以更严格地表述为:基元反应的反应速率与各反应物的浓度的一定幂次的乘积成正比,其中各反应物的浓度的幂次即为基元反应方程式中该反应物的化学计量数。例如,对于上述反应方程式,可以得到按照反应物 A 计算的化学反应速率表达式:

$$v_A = -\frac{dC_A}{dt} = kC_A^\alpha C_B^\beta \tag{3-4}$$

式中,k 是化学反应速率常数;幂指数 α、β 由实验测得,而幂指数之和 $n = \alpha + \beta$,称为反应级数。

(2)化学反应速率与温度的关系——阿累尼乌斯定律

关于温度对化学反应速率的影响以及活化能的概念,最早是由瑞典科学家阿累尼乌斯(Arrhenius)于 1889 年提出。通过对不同温度下的等温反应进行实验研究,他发现化学反应速率常数 k 的大小主要取决于温度和反应物的性质,可用下述函数关系表示:

$$k = k_0 \exp\left(-\frac{E}{RT}\right) \tag{3-5}$$

式中,k_0 是仅取决于反应物性质的常数;$R = 8.314$ J/(mol·K),是通用气体常数;E 是反应物的活化能;T 为温度。上式就是著名的阿累尼乌斯定律。

于是,化学反应速率的表达式可以写为

$$v_A = -\frac{dC_A}{dt} = k_0 C_A^\alpha C_B^\beta \exp\left(-\frac{E}{RT}\right) \tag{3-6}$$

3.2
链反应

物质能量在分子间的分布总是不均匀的,总存在一些不稳定的分子。参与反应的物质中的这些不稳定分子在碰撞过程中不断率先变成了化学上很活跃的质点——活化中心。这些活化中心大多是不稳定的自由原子和游离基。活化中心与稳定分子相互作用的活化能是不大的,从而使化学反应避开了高能的障碍。因此通过活化中心来进行反应,比原来的反应物直接反应容易得多。

通过活化中心与稳定分子的反应，又会不断形成新的中间活性产物。一旦中间活性产物形成，它不仅本身发生化学反应，而且还会导致一系列新的活化中心的生成，就像链锁一样，一环扣一环地相继发展，使反应一直继续下去，直到反应物消耗殆尽或通过外加因素使链环中断。每一个反应都会相继经历链产生、链传递和链终止的过程。

燃烧反应过程中，如果每一链环都有两个或更多个活化中心可以引出新链环，形成链形分支，使反应速度急剧增长。这种链反应称为支链反应。燃烧反应一旦着火，即具有不断分支、自动加速的特性。

燃烧反应的过程都很复杂，人们只对最简单的氢和氧的反应机理较为清楚。从化学计量方程式 $2H_2 + O_2 = 2H_2O$ 来看，按照分子热活化理论，要使三个稳定的分子同时碰撞并发生反应的可能性是很小的。实验表明，在氢和氧的混合气体中，存在一些不稳定的分子，它们在碰撞过程中不断变成化学上很活跃的自由原子和游离基——活化中心（H、O、OH 基）。一个 H_2 分子与任意一个分子 M 碰撞受到激发，产生两个 H 原子，它们具有未成对的电子，称为自由基，以符号 H· 表示。通过活化中心进行反应，比原来的反应物直接反应容易很多。

最初的活化中心可能是按下列方式得到的：

$$H_2 + O_2 \rightarrow OH· + OH· \tag{3-7}$$

$$H_2 + M \rightarrow H· + H· + M \tag{3-8}$$

$$O_2 + O_2 \rightarrow O_3 + O· \tag{3-9}$$

式中　M——与不稳定分子碰撞的任一稳定分子。

活化中心与稳定分子相互作用的活化能是不大的，故在系统中可发生以下反应：

$$H· + O_2 \rightarrow O· + OH· \tag{3-10}$$

$$O· + H_2 \rightarrow H· + OH· \tag{3-11}$$

$$OH· + H_2 \rightarrow H· + H_2O \tag{3-12}$$

在上面三个基元反应中，式（3-10）的反应较式（3-11）、式（3-12）慢一些，因此它的反应速度是决定性的。氢和氧的链锁反应可以用如下的枝状图来表示：

从一个氢原子和一个氧分子开始，最后生成两个水分子和三个新的氢原子。新的

氢原子又可以成为另一个链环的起点,使链反应继续下去;也可能在气相中或在容器壁上销毁。销毁的方式可以是:

$$2H\cdot + M \rightarrow H_2 + M \tag{3-13}$$

$$H\cdot + OH\cdot + M \rightarrow H_2O + M \tag{3-14}$$

如果上述链环中形成的三个活化中心都销毁了,链反应就在这个环上中断。

 **应用举例**

有一些反应在低温下仍然可以很高的化学反应速率进行,例如乙醚蒸气和磷等物质在低温下氧化会产生冷焰。$2H_2 + O_2 = 2H_2O$ 的反应,按照碰撞理论需要三个富有能量的分子同时碰撞才能反应,然而这种可能性很小。但实际上,一定条件下,这个反应却可以极快的速度瞬间完成而形成爆炸。再比如实验证明,干燥的 CO 与空气(或 O_2)的混合物在 700 ℃ 以下是不起反应的,但当混合物中引入少量水分或氢气时反应却可以剧烈发生。以上这些现象都是热活化分子碰撞理论所不能解释的,于是在 20 世纪初逐步发展起了链反应理论。

3.3
燃气的着火

所谓着火又称自燃,通常是指由于能量(或活化中心)的积聚,预混的可燃气体自发发生燃烧反应的起始瞬间。按照着火现象的不同成因,可以分为热力着火(或热自燃)和支链着火(或链锁自燃)。

1）热力着火

燃烧反应是放热反应,反应释放的热量加热未燃的反应物使其温度升高,从而可以使反应持续下去并使反应加速。但燃烧反应的最初启动必须具备一定的能量条件,即必须有一个能量积聚的吸热准备过程。同时,燃烧反应释放的热量除了会有一部分加热未燃的反应物,还必然存在着向周围环境的散热。因此,只有当燃烧放热大于向环境的散热时,能量才能够不断积聚而引发反应的持续进行。通常,燃烧反应一旦引发,其反应速率很快,燃烧过程可以在整个可燃气空间瞬间完成。预混可燃气体从开始反应到发生着火所需要的这段时间,称为热力着火的感应期。任何着火过程都有一定的感应期,在此期间进行着着火前的反应准备。不同可燃气体的感应期长短是不同的。例如氢气的感应期为 0.01 秒,而甲烷则需要若干秒。

关于热力着火最典型的工程应用就是柴油机的压燃着火过程。

热力着火理论是由荷兰物理化学家范特霍夫(van't Hoff,1852—1911)最先提出的,他认为当正在进行化学反应的系统与周围环境之间的热平衡被破坏时,就会发生着火。尼古拉耶维奇·谢苗诺夫(Никола́й Никола́евич Семёнов,1896—1986)进一步发展了该理论,认为反应的放热曲线与系统的散热曲线相切才是着火的临界条件。

2）支链着火

热力着火理论认为由于感应期内分子热运动的结果使能量不断积聚、活化分子不断增加导致的反应自行加速引发了着火。实验证明,大多数的碳氢化合物在空气中所起的燃烧反应都可以用热力着火理论进行解释。但是也有不少的现象,无法用热力着火理论成功解释。例如,氢气和空气的混合物着火浓度极限的实验结果与热力着火理论分析的结果正好相反;低压下,氢和氧的混合气,其着火的临界压力与温度的关系曲线也不像热力着火理论所预示的那样单调下降,而是呈现"2"字形的"着火半岛"曲线;许多液态燃料在低压和温度只有 200~300 ℃时会短时间产生微弱的淡蓝色冷焰,却不会引发熊熊燃烧。

德国化学家博登斯但在 1913 年曾提出链式反应的概念。1927 年以后,谢苗诺夫系统地研究了链反应机理,认为化学反应有着极为复杂的过程,在反应过程中有可能形成多种"中间产物"。在链式反应中,这种"中间产物"就是"自由基","自由基"的数量和活性决定着反应的方向、历程和形式。链反应不仅有简单的直链反应,还会形成复杂的"分支",由此提出了"分支链式"反应的新概念,丰富和发展了链式反应的理论,奠定了分支链式反应的理论基础和实验基础。谢苗诺夫把链式反应机理用于燃烧和爆炸过程的研究,揭示出燃烧和爆炸的本质。支链着火理论的提出与发展很好地揭示了上述现象。

链反应理论认为,化学反应的自动加速并不一定只是依靠系统内热量的积聚、温度的升高或活化分子数量的增加来实现;通过链反应积累活化中心也能使化学反应自动加速,直至发生着火甚至爆炸。

3.4

燃气的点火

除了在一定条件下会自发进行的自燃着火外,在实际工程中更广泛采用的是用强制点火的方法引燃可燃气体混合物。常见的点火源有电火花、小火焰及电热线圈等。若要点火能够成功,首先应使局部的可燃气体着火燃烧,形成初始的火焰中心,然后还要保证初始火焰中心能向其他未燃区传播开去。与柴油机压燃热力着火相对,汽油机的火花塞点火则是很好的电子点火的例子。下面以电火花点火为例说明点火成功所必需的条件。

把两个电极放在可燃混合气体中,通电打出火花释放出一定能量,使可燃混合物开始燃烧,称为电火花点火。电火花可以使局部气体温度急剧上升,因此火花区可当作灼热气态物体,成为点火热源。当放电电极间隙内的可燃混合物的浓度、温度和压力一定时,若要形成初始火焰中心,放电能量必须达到一最小值。这个必要的最小放电能量称为最小点火能 $E_{\min}$。初始火焰中心形成以后,火焰就要向四周传播。若电极间的距离过小,则会增大初始火焰中心向电极的散热,以至于火焰不能向周围混合物有效传播。因此,电极间的距离不宜过小。当电极间距小到无论多大的火花能量都不能使可燃气体点燃时,这个最小距离就称之为熄火距离 d_q。

图 3.3 表示出了点火能与点火电极间距之间的关系。另外,最小点火能 $E_{\min}$ 及熄火距离 d_q 的最小值一般都在靠近化学计量混合比之处;同时 $E_{\min}$ 及 d_q 随混合物中燃气含量的变化曲线均呈 U 形,如图 3.4 所示。由图 3.4 可看出,天然气所需点火能高,且点火范围窄,因此较难点着;而含氢量较高的城市燃气则易于点火。

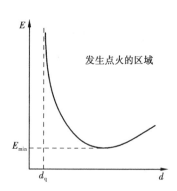

图 3.3 点火能与电极间距的关系曲线

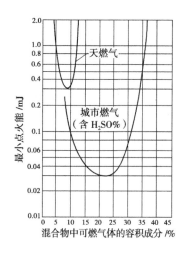

图 3.4 城市燃气与天然气最小点火能的比较

 知识拓展

燃气电点火的方式:

压电陶瓷放电或电脉冲点火的燃烧器具:燃气灶;

连续脉冲点火的燃烧器具:燃气热水器(炉)。

 学习鉴定

1.填空题

(1)化学反应的实质就是旧的_____断裂,分子破裂成原子,原子重新排列组合形成新的_____从而生成新物质的过程。

(2)一般来讲,温度越高,化学反应速率越_____。

2.简答题

电火花点火能够成功,必须满足怎样的条件?

4　燃气燃烧的火焰传播

■核心知识

- 火焰面,火焰传播速度

- 层流火焰传播

- 影响火焰传播速度的因素

- 紊流火焰传播的特点

■学习目标

- 掌握火焰传播基本概念

- 理解火焰层结构及火焰速度的计算

- 了解法向火焰传播速度测定法

- 识记影响火焰传播速度的因素

- 了解紊流火焰传播的特点

燃气能被点燃并且能持续不断燃烧,需要先有一个点火源,直接与燃气—氧气混合物作用,发生化学反应,使混合物着火;着火部分形成一个火焰中心,把热量传给相邻的未燃混合物,致使相邻的薄层着火。这样一层层地将火焰传播下去,直至可燃烧混合物燃烧完成。了解和熟悉火焰传播对安全用气,正确用气具有重要的意义。

4.1
火焰传播的理论基础

火焰的传播过程是一个复杂的物理和化学综合过程,火焰的传播分为正常火焰传播和爆炸两种。正常火焰传播是我们需要的,用于生活和生产;爆炸是应用不当产生的事故,应当预防。

4.1.1　火焰传播的基本概念

在日常应用中,总是先用一个外部热源,让热源周围的部分可燃气体先着火,然后再一层层传播下去。

点火源放在静止可燃气体中,其邻近部分可燃气体受热发生燃烧反应形成球形火焰,同时,放出的燃烧热和生成自由基等活性中心向相邻可燃物扩散,导致相邻一层发生燃烧,形成新的火焰。新火焰再向邻近可燃物传播,再形成新的火焰。每个被点燃的一层成为下一层进行化学反应的热源。已燃气体与未燃气体之间有一个分界面,称为火焰面,如图4.1所示。

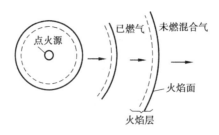

图 4.1　静止均匀混合气体中的火焰传播

图 4.1 中,球形焰面的移动速度称为法向火焰传播速度,以 S_n 表示。此时也称层流火焰传播速度 S_1,或火焰传播速度 S。

可以做下述实验:用一根水平管,一端封闭,另一端敞开,内装可燃物混合物。点火时,火源邻近的燃气被点燃,形成焰面。然后,焰面以一定的速度向未燃气体传播下去,直至可燃气体被燃尽。如果管子足够长,化学反应速率随温度的升高而加速,形成高速波传播。根据混合气体性质的不同,传播速度可达 1 000 ~ 3 500 m/s,这就是爆震波。爆震波是靠波产生的温度和压力激发起来的化学反应得以维持的激波来传播的,它属于非正常燃烧。

上述水平管中火焰传播不同于如图 4.1 所示的静止均匀混合气体中的火焰传播,由于管壁散热和摩擦的影响,管子中心的速度比靠近管壁处的大。管径的大小对火焰传播速度有影响。

还可以按实际应用对火焰传播进行分析。如图 4.2 所示,当可燃气体以速度 v 向右侧连续流动,若速度的分布均匀,则点燃后形成一平面火焰。此时若可燃气体流速 v 等于焰面传播速度 S_n,即 $v = S_n$,则焰面便驻定不动;若可燃气体流速 v 小于焰面传播速度 S_n,即 $v < S_n$,则焰面将向左侧气流上游移动;若可燃气体流速 v 大于焰面传播速度 S_n,即 $v > S_n$,则焰面将向右侧气流下游移动。燃烧设备燃烧稳定的必要条件是 $v = S_n$。

以上的分析是对静止气体或层流流动气体。层流火焰传播是火焰传播理论基础,火焰传播速度是可燃混合物的基本特性。紊流火焰焰面皱曲,火焰传播速度加快。紊流火焰传播速度与管径的大小、雷诺数、紊流程度、可燃混合物的特性有关。

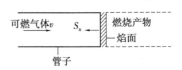

图 4.2 连续流动火焰传播

4.1.2 层流火焰传播理论

如前所述,火焰焰面传播速度,也叫作燃烧速度,或法向燃烧速度,或层流火焰速度。定义为:未燃气体在垂直面的法线方向通过燃烧波的流动速度。

确定层流火焰传播速度的理论方法分为三类:一是热理论,认为火焰传播的控制机理是从燃烧区向未燃气体区导热。这种理论在计算燃烧速度时,需要确定着火温度。第二种是扩散理论,认为火焰传播的控制机理不仅是导热,更重要的是燃烧区某些活动物质向未燃区扩散。这种理论在计算燃烧速度时,假设了一个着火温度,最终又将着火温度从方程中清除。第三种是综合理论,认为火焰传播的控制机理是导热和扩散同样重要。实际火焰传播过程中只受热传导控制或只受活性物质扩散控制的情况很少。热理论和扩散理论在物理概念上是完全不同的,但描述过程的质量扩散基本方程和热扩散方程是相同的。

根据对泽尔多维奇等人提出的热理论介绍,可得出如下结论。

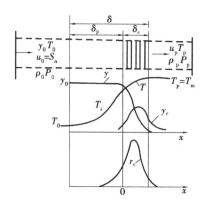

图4.3　火焰层结构及温度、浓度

如图4.3所示,在火焰锋面上取一单位微元,并示出其焰面结构及其温度和浓度分布。对于一维带化学反应的稳定层流流动,其基本方程为:

连续方程:
$$\rho u = \rho_0 u_0 = \rho_0 u_n = m = \rho_p u_p \tag{4-1}$$

动量方程:
$$P \approx 常数 \tag{4-2}$$

能量方程:
$$\rho_0 u_0 c_p \frac{\mathrm{d}T}{\mathrm{d}x} = \frac{\mathrm{d}}{\mathrm{d}x}\left(\lambda \frac{\mathrm{d}T}{\mathrm{d}x}\right) + \omega Q \tag{4-3}$$

式(4-3)中,左端表示混合气体本身热焓的变化,右边第一项是热传导的热流,第二项是化学反应生成的热量。对于绝热条件,火焰的边界条件为:

$$\left.\begin{array}{l} x = -\infty, T = T_0, y = y_0, \dfrac{\mathrm{d}T}{\mathrm{d}x} = 0 \\[2mm] x = +\infty, T = T_m, y = 0, \dfrac{\mathrm{d}T}{\mathrm{d}x} = 0 \end{array}\right\} \tag{4-4}$$

通过对火焰分区,分别建立能量方程,确定边界条件推导出:

$$S_n \propto \left(\frac{\alpha}{\tau_c}\right)^{\frac{1}{2}} \tag{4-5}$$

式中　　α——导温系数,$\alpha = \dfrac{\lambda}{\rho c_p}$;

τ_c——化学反应时间。

式(4-5)表明:层流火焰传播速度与导温系数的平方根成正比,与化学反应时间的平方根成反比。这说明,可燃气体的层流火焰传播速度是一个物理化学常数。

利用气体状态方程,继续上述推导,可得出层流火焰厚度的关系式:

$$\delta = \frac{\alpha}{S_n} \tag{4-6}$$

式(4-6)表明:火焰层厚度与导温系数成正比,与火焰传播速度成反比。导温系数与压力及温度的关系为:

$$a = a_0 \frac{P_0}{P}\left(\frac{T}{T_0}\right)^{1.7} \tag{4-7}$$

$$\delta \approx \delta_0 \left(\frac{P_0}{P}\right)^b \tag{4-8}$$

其中 $b = 1.0 \sim 0.75$。

因此,当压力下降时,火焰层厚度将增加。当压力降得很低时,可使 δ 增大到几十毫米。

4.2
影响火焰传播的因素

火焰传播速度是燃烧设备设计和应用的基础,它通常不能用公式精确计算,而是通过实验方法测出。

4.2.1 法向火焰传播速度的测定方法

测定法向火焰传播速度的方法分为两大类。一类是静力法,让火焰焰面在静止的可燃混合物中运动。另一类是动力法,让火焰焰面处于静止状态,可燃混合物以层流状态做相反方向运动。

1)静力法测定 S_n

(1)管子法

静力法中最直观的方法是管子法。如图 4.4 所示，玻璃管 1 中充满被测的燃气—空气混合物，一端封闭，另一端与装有惰性气体的容器 4 相连。装有惰性气体的容器 4 容积比玻璃管容积大 80～100 倍，以使在燃烧过程中保持压力不变。测定 S_n 时，打开阀门 2，并用火花点火器 3 点燃混合物。这时，在着火处立即形成一极薄的焰面，从点火处开始不断向未燃气体方向移动。用电影摄影机摄下火焰面移动的照片，已知胶片走动的速度和影子与实物的转换比例，就可算出可见火焰传播速度 S_v。在这种情况下，底片上留下的是倾斜的迹印，根据倾斜角可以确定任何瞬间的火焰传播速度。

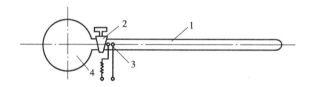

图 4.4 用静力法(管子法)测定 S_n 的仪器

S_v 不同于 S_n，它的焰面不是垂直于管子轴线的平面，而是一个曲面。火焰传播速度与管径的大小有关，当管径较小时，火焰传播速度受管壁散热的影响较大，因而火焰传播速度比较小；相反，管径越大，管壁散热对火焰传播速度的影响越小。因而，如果焰面不发生皱曲，则随着管径的增大，火焰传播速度上升，并趋向于极限值 S_n。但实际上管径增大时，S_v 随管径的增加而上升，焰面发生皱曲。所以，用管子法测得的火焰传播速度值总是偏离 S_n。当然，当管径小到一定程度，向管壁的散热达到最大，使得火焰无法传播。这时的管径称为临界直径。工程中常利用临界直径的概念，以保证燃烧的安全有效。

用管子法测定火焰传播速度的优点是卓观性强；缺点受管壁的影响很大。图 4.5 表示在直径为 25.4 mm 的管中，用管子法测得的某些燃气的可见火焰速度与燃气—空气混合物成分的关系。

表 4.1 是在 $d = 25.4$ mm 时测得的某些燃气—空气混和物的可见火焰传播速度的数值。

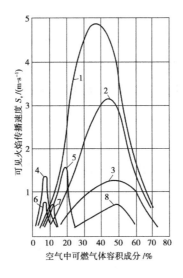

图4.5 管子法测得的可见火焰传播速度与燃气空气

混合物容积成分的关系($d = 25.4$ mm)

1—氢;2—水煤气;3—一氧化碳;4—乙烯;

5—炼焦煤气;6—乙烷;7—甲烷;8—高压富氧气化煤气

表4.1 燃气—空气混合物的最大可见火焰传播速度($d = 25.4$ mm)

气 体	燃气在混合物中的容积成分/%	最大 S_v /(m·s^{-1})	气 体	燃气在混合物中的容积成分/%	最大 S_v /(m·s^{-1})
氢	38.5	4.85	乙 炔	7.1	1.42
一氧化碳	45	1.25	焦炉煤气	17	1.70
甲 烷	9.8	0.67	页岩气	18.5	1.30
乙 烷	6.5	0.85	发生炉煤气	48	0.73
丙 烷	4.6	0.32	水煤气	43	3.1
丁 烷	3.6	0.82			

(2)皂泡法

将已知成分的可燃均匀混合气注入皂泡中,再在中心用电点火花点燃中心部分的混合气,形成的火焰面能自由传播(气体可自由膨胀),在不同时间间隔出现半径不同的球状焰面。用光学方法测量皂泡起始半径 R_o 和膨胀后的半径 R_B,以及相应焰面之间的时间间隔 t,即可计算火焰传播速度。

$$S_n = u_P \left(\frac{R_0}{R_B} \right)^3 = \frac{R_0^3}{R_B^2 t} \tag{4-9}$$

这种方法的主要缺点是肥皂液蒸发对混合气湿度的影响。某些碳氢燃料对皂泡膜的渗透性、皂泡球状焰面的曲率变化以及紊流脉动等因素,都会给测定结果带来误差。

2)动力法测定 S_n

动力法测定 S_n 有本生火焰法和平面法,在这里我们主要介绍本生火焰法。

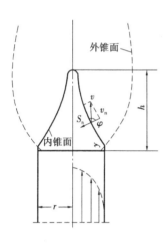

本生火焰的结构如图4.6所示。该火焰由内锥和外锥两层焰面组成,内锥面是由燃气与预先混合的空气进行燃烧反应而形成的,而外锥面是剩余燃气与周围空气扩散混合后燃烧形成的。用动力法测定 S_n 时,一部分所需空气与燃气预先混合好,并以层流状态从本生灯口喷出。

本生火焰法是通过内锥焰面来测定 S_n 的。静止的内锥焰面说明了内锥表面上各点的 S_n(指向锥体内部)与该点气流的法向分速度 v_n 是平衡的。内锥面上每一点的速度存在以下关系,即所谓余弦定律:

$$S_n = v \cos \varphi$$

图4.6 本生火焰示意图

只要测得某一点的气流速度 v 及焰面的斜转角 φ,就可求得该点的火焰传播速度。

气流速度精确的测量方法常用的有颗粒示踪法和激光测速法。

(1)颗粒示踪法

这种方法是在可燃混合气中掺入一种既能闪光、又不会引起化学反应的细小物质颗粒,例如氧化镁等,并连续加以频闪照射。对频闪照射的粒子进行拍摄,可据此确定气流的流线谱。根据示踪间歇的距离和频闪速度,可以计算出颗粒在气流中的运动速度。

(2)激光测速法

激光测速的基本原理是利用光学多普勒效应。当一束激光照射到流体中跟随一起运动的微粒上时,激光被运动着的微粒所散射,散射光的频率和入射光的频率相比较,就会产生一个与微粒运动速度成正比的频率偏移。如果测得频率偏移,就可换算成速度。因为微粒速度与流体速度相同,所以即可得到流场中某一测点的流速。

4.2.2 影响火焰传播速度的因素

燃气的火焰传播速度与可燃气体的初温、压力、燃气浓度、热值等因素有关。

1）燃气—空气混合比例的影响

用不同燃气—空气混合比例进行火焰燃烧速度的测定,并画出如图 4.7 所示曲线图。

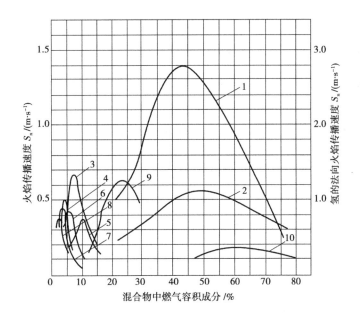

图 4.7　燃气—空气混合物的 S_n 与燃气含量的关系

1—氢;2——氧化碳;3—乙烯;4—丙烯;5—甲烷;6—乙烷;

7—丙烷;8—丁烷;9—炼焦煤汽;10—发生炉煤气

可以看出:火焰传播速度与可燃气体中燃气浓度有关。随着燃气—空气混合比例的改变,S_n 也随之改变。不同燃气的 S_n 曲线不同,但有其共同点即它们均在曲线中间位置出现最高值,在两侧出现最小值。左侧的最小值对应的燃气所占浓度(容积成分)比例为这种燃气可以发生火焰传播的浓度下限,右侧的最小值对应的燃气所占的浓度比例为这种燃气可以发生火焰传播的浓度上限。

举例:可以用上述实验方法测得天然气的着火浓度——即混合气中燃气的容积成分范围为5%~15%。

当火焰传播速度小于 S_n 曲线两侧最小值时,火焰将停止传播,火焰熄灭。一般认为火焰温度达到最高时,其传播速度也最大。

2)燃气性质的影响

火焰传播速度与燃气的性质有关。不同燃气其燃烧速度也不同。导热系数越大,火焰传播速度也越大。对于碳氢化合物来讲,其燃烧速度一般规律: $(S_n^{max})_{炔烃} > (S_n^{max})_{烯烃} > (S_n^{max})_{烷烃}$

举例:H_2 的导热系数 λ 大于 CH_4 的导热系数 λ,所以氢的 S_n 大于 CH_4 的 S_n,氢的燃烧传播速度是燃气中最快的。城市用焦炉煤气的燃烧速度大于天然气,所以导致这两种燃气的低压燃烧设备的燃烧器不同,额定压力不同。

3)可燃混合物初始温度的影响

可燃混合物初始温度越高,火焰温度越高,反应速度越快。图4.8为 H_2 和 CH_4 的 S_n 随可燃混合物的初始温度不同得到的 S_n 的曲线。

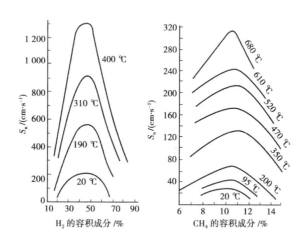

图4.8　混合物的初始温度对 S_n 的影响

火焰传播速度与初始温度之间有下列关系:

$$S_n = A + BT_0^{\,m}$$

式中　T_0——可燃混合物的初始温度,K;

　　　S_n——可燃混合物初始温度为 T_0 时的法向火焰传播速度;

　　　A,B,m——决定于可燃混合物种类与成分的常数,由实验确定,$m = 1.5 \sim 2$。

4)压力的影响

可燃气体火焰传播速度与燃烧时的压力有下列关系:

$$S_n \propto P_0^{(\frac{n}{2}-1)} \tag{4-10}$$

式中 n 为反应级数,当 $n > 2$ 时,S_n 是随压力的升高而升高。对于大多数碳氢化合物来说,其反应总级数 $n < 2$,这时 S_n 随压力的上升而减小,但燃烧强度增加。

例如,工程上可以增加压力以提高燃烧强度,缩小燃烧室容积。

5)添加剂的影响

由 Clingmax 等人 1953 年进行的一组实验探明了混合物的导热性对反应速率项的影响。他们实验了观察甲烷在氧—惰性气体(N_2,He,Ar)中的火焰传播速度如图 4.9 所示。

混合物中氧和惰性气体的容积比都保持为 0.21∶0.79,这与空气里的比例相同,惰性气体分别采用氮(N_2)、氦(He)和氩(Ar)。Leason 1953 年报道了少量(<3%)添加剂(丙酮、乙醛、乙醚等)对火焰速度的影响。

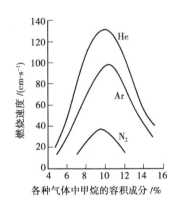

图 4.9　甲烷在各种气体中的火焰传播速度

报道称:添加剂能减少感应时间从而提高了火焰传播速度。有些实验也表明:某些卤族元素,例如氟氯烷可以改变烃—空气混合物的着火极限。

通过实验,人们发现,用某些长链卤族元素,惰性粉剂可以做灭火剂。因为在实验中,即使是在空气—燃料化学当量比附近,卤族元素和惰性粉剂也能降低火焰速度。

大多数添加剂或是改变混合气的物理性质(如导热系数),或是起催化作用。所以可以认为,加入添加剂的结果,往往使混合气具有全新的性质。例如,一氧化碳燃烧时加入很少量添加剂,由于反应加快而使火焰传播速度显著增大。图 4.10 上表示了一氧化碳燃烧时加入不同量的水蒸气使火焰传播速度增大的实验结果。可以看出,当混合气中水蒸气含量为 2.3% 时,最高 S_n 可达 52 cm/s,比干气燃烧时高出一倍多。因此,在

CO 火焰中一定要用水蒸气来促使反应加快,提高火焰传播速度。

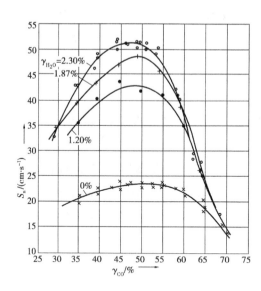

图 4.10　CO—空气混合气火焰传播速度与加入水蒸气量的关系

4.3

紊流火焰传播

当可燃气体流速由静止或层流流动状态增加
到一定程度时,气体变为紊流流动状态,其火焰
锋面也由原来的薄且光滑清晰焰面改变为锋面
厚且抖动,焰面皱曲伴有噪声,如图 4.11 所示。
紊流火焰表面积增大、热强度高,常用于工业燃
烧设备中。

图 4.11　紊流火焰面瞬时变化示意

4.3.1 紊流火焰传播特点

紊流火焰分为小尺度紊流火焰和大尺度紊流火焰。

为区别此两种火焰,我们需先定义火焰峰面:若把焰面视为一未燃气与已燃气之间的宏观整体分界面,则称此界面为火焰峰面。

小尺度紊流火焰是指紊流火焰中有许多大小不同的微团做不规则运动,如果微团的平均尺寸小于层流火焰锋面的厚度,则称为小尺度紊流火焰;反之,则称为大尺度紊流火焰。紊流火焰传播速度用 S_t 表示。当微团的脉动速度大于层流火焰传播速度时,为大尺度强紊动火焰;反之为大尺度弱紊动火焰。

紊流火焰在结构上可分为三个区:焰核,它是燃气—空气混合物尚未点燃的冷区;焰面,它是着火与燃烧区;燃尽区,它是完成全部燃烧过程的区域,如图 4.12 所示。

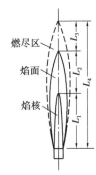

图 4.12 紊流火焰的结构

紊流火焰与层流火焰相比,其火焰长度变短,焰面皱曲,燃烧表面积增加,燃烧强度得到强化。由于紊流扰动的增加,加快了已燃气体和未燃气体的混合,也增加了热量和活性中心的传递速度,使反应加快,从而增大燃烧速度。

4.3.2 紊流火焰的理论观点

对紊流火焰的解释,有下列两种观点。

(1)表面理论

表面理论观点认为:①从垂直于气流方向基元厚度的火焰来看,仍然保留层流火焰锋面的基本结构,燃烧反应主要在锋面中进行;②紊流火焰比层流传播快的原因,主要在于传递过程的加快和焰面的增大。

(2)容积理论

容积理论观点论为:在大尺度强紊动下燃烧的气体微团中,同时进行着燃气和氧气的混合以及燃烧反应。已达到燃烧条件的就开始燃烧,未达到燃烧条件的,在扰动过程中受到传热和传质的作用,或者在达到燃烧条件后也开始燃烧,或者微团消失重新与其他部分混合而形成新的微团。所以在燃烧区中同时存在三种气团,一种是尚未燃烧的气团,另一种是正在燃烧的气团,再有一种是已经燃烧完的气团。

4.4
火焰传播浓度极限

大家都知道,纯燃气是不能被点燃的,燃气和空气混合是成为可燃气体的必要条件,但不是充分条件。能够使燃气点燃的充分必要条件是:燃气与空气的混合比例在一定极限范围内。满足这一条件,火焰才能够传播。这个可以使燃气点燃并持续的燃气浓度范围称为火焰传播浓度极限。

注:"浓度"这一术语同"含量"一样,仅是对于某物质不同量的泛称,如在混合物中燃气的浓度高或低等,涉及其具体量时应以混合物中该物质的容积成分表示,如图 4.14 中所示,当可燃气体中惰性气体的容积成分为 14% 时,火焰传播燃气 $H_2 + N_2$ 的容积成分极限范围为 63% ~67%。

4.4.1 火焰传播浓度极限

在燃气—空气混合物中,只有当燃气与空气的比例在一定极限范围内时,火焰才有可能传播。若混合物比例超过极限范围,即当混合物中燃气浓度过高或过低时,由于可燃混合物的发热能力降低,氧化反应的生成热不足以把未燃混合物加热到着火温度,火焰就会失去传播能力而造成燃烧过程的中断。能使火焰继续不断传播所必需的最高燃气浓度称为火焰传播浓度上限;能使火焰不断传播所必需的最低燃气浓度称为火焰传播浓度下限。因此,火焰传播浓度极限又称为着火极限。

火焰传播浓度极限范围内的燃气—空气混合物称为可燃气体,在一定条件下(例如密闭空间里)会瞬间完成着火燃烧而形成爆炸。因此,火焰浓度极限又称为爆炸极限。能发生爆炸的气体,首先是达到了可以燃烧的条件。如果燃气不具备可以燃烧的条件,也就不可能发生爆炸。

根据燃气爆炸极限的定义可知,当燃气泄漏到空气中达到可以点燃的条件,这时如果是在一个密闭空间里,则会发生爆炸。实际应用中,调压间、设备操作间(厨房)、计量间等在不通风的情况下,属于密闭空间。当发生燃气泄漏时,要控制火源,保证通风。

了解燃气火焰传播极限的概念,有助于我们制定合理的安全管理制度和运行、抢修规程,安全使用燃气。不同的燃气火焰传播浓度极限不同,通常采用图 4.13 所示装置测定火焰浓度极限,该装置的测定方法为:取一根内径为 50 mm,长 1 500 mm 的硬质玻璃管。玻璃管一端封闭,一端敞开,其内充以燃气—空气混合物,将开口端用盖盖住,并浸入水银槽中。在开启盖子的同时,以强力的点火源进行点燃,用不同浓度的燃气—空气混合物进行试验,当火焰不能传播到玻璃管上部时的浓度,即为火焰传播浓度极限。

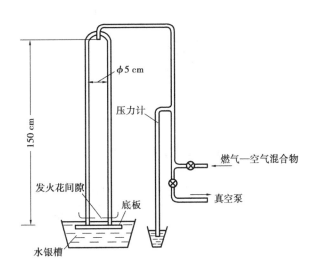

图 4.13   火焰浓度极限测定装置

常见燃气在 293 K 和常压条件下测得的火焰传播浓度极限见附录。

4.4.2   影响火焰传播浓度极限的因素

火焰传播浓度极限与燃气性质有关,但浓度极限不是固定不变的,是随着燃烧条件而改变的。文献[1]中对影响火焰传播浓度极限的因素总结如下:

①燃气在纯氧中着火燃烧时,火焰传播浓度极限范围将扩大。

②提高燃气—空气混合物温度,会使反应速度加快,火焰温度上升,从而使火焰传播浓度极限范围扩大。

③提高燃气—空气混合物的压力,其分子间距缩小,火焰传播浓度极限范围将扩大,其上限变化更为显著。表 4.2 列出了某些燃气—空气混合物火焰传播浓度极限随

压力的变化关系。

④可燃气体中加入惰性气体时,火焰传播浓度极限范围将缩小,如图4.14所示。

⑤含尘量、含水蒸气量以及容器形状和壁面材料等因素,有时也会影响火焰传播浓度极限。

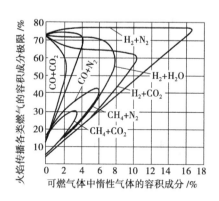

图4.14 惰性气体对火焰传播浓度极限的影响

表4.2 常温下火焰传播浓度极限与压力的关系

燃气	压力/MPa	火焰传播燃气的容积成分极限/%	
		下限 L_l	上限 L_h
CO	0.1	14	71
	2.0	21	60
	4.0	20	57
H_2	0.1	9	69
	2.0	10	70
CH_4	0.1	5	15
	5.0	4.8	48
	10.0	4.6	57

 学习鉴定

问答题

(1)火焰是如何传播的?

(2)影响火焰传播的因素有哪些?

(3)紊流火焰传播的特点是什么?

5 燃气燃烧方法

核心知识

- 扩散式燃烧、部分预混式燃烧、完全预混式燃烧的燃烧方法

- 火焰的稳定范围及其影响因素

- 火焰的稳定方法

学习目标

- 理解燃烧的动力区和扩散区

- 理解扩散式燃烧、部分预混式燃烧、完全预混式燃烧的燃烧方法

- 掌握三种燃烧方法的原理、特点

- 了解周边速度梯度理论

可燃气体的燃烧必须在同氧化剂(空气)混合之后才能发生。按照天然气与空气的混合程度,天然气的燃烧方式分为三种:扩散式燃烧、部分预混式燃烧、完全预混式燃烧。

燃料燃烧所需要的全部时间通常由两部分合成,即氧化剂和燃料之间发生物理性接触所需要的时间 t_{ph} 和进行化学反应所需要的时间 t_{ch} 之和。亦即 $t = t_{ph} + t_{ch}$。

对气体燃料来说,t_{ph} 就是燃气和氧化剂的混合时间。如果混合时间和进行化学反应所需的时间相比非常之小,即 $t_{ph} \ll t_{ch}$,则实际上 $t \approx t_{ch}$,这时称燃烧过程在动力区进行。将燃气和燃烧所需的空气预先完全混合均匀送入炉膛燃烧,可以认为是在动力区内进行燃烧的一个例子。反之,如果燃料与氧化剂混合所需要的时间与化学反应所需要的时间相比非常之大,即 $t_{ph} \gg t_{ch}$,则 $t \approx t_{ph}$,这时称燃烧过程在扩散区进行。例如,将气体燃料和空气分别引入炉膛燃烧,由于炉膛内温度较高,化学反应能在瞬间内完成,这时燃烧所需的时间就完全取决于混合时间,燃烧就在扩散区进行。

显然,当燃烧过程在动力区进行时,燃烧速度将受化学动力学因素的控制,例如反应物的活化能、温度和压力等。若燃烧过程在扩散区进行,则燃烧速度将取决于流体动力学的一些因素,例如气流速度和气体流动过程中所遇到的物体的尺寸、形状等。

在燃烧的动力区和扩散区之间,还有所谓中间区(或称动力—扩散区)。在中间区,燃烧过程所需的物理接触时间和化学反应时间几乎相等,即,$t_{ph} \approx t_{ch}$,这时燃烧速度同时取决于物理因素和化学因素,情况就较为复杂。

了解燃烧过程受哪些因素控制,对分析燃烧状况和改进燃烧过程是十分必要的。

5.1

扩散式燃烧

此种燃烧方法燃气与空气不预先混合,而是在燃气喷嘴口相互扩散混合燃烧。整个燃烧过程所需的总时间近似等于燃气与空气之间扩散混合的时间。扩散燃烧有层流扩散和紊流扩散两种,前者是分子之间的扩散,燃烧强度较低;后者是气体分子团之间的扩散,燃烧强度相对较高。

扩散燃烧方法的优点是燃烧稳定,不易发生回火和脱火,且燃具结构简单。但其火焰较长,过量空气系数偏大,燃烧速度慢,易产生不完全燃烧,使受热面积炭。

5.1.1　层流扩散火焰的结构

将管口喷出的燃气点燃进行燃烧,如果燃气中不含氧化剂(即 $\alpha = 0$),则燃烧所需的氧气将依靠扩散作用从周围大气获得。这种燃烧方式称为扩散式燃烧。

在层流状态下,扩散燃烧依靠分子扩散作用使周围氧气进入燃烧区;在紊流状态下,则依靠紊流扩散作用来获得燃烧所需的氧气。由于分子扩散进行得比较缓慢,因此层流扩散燃烧的速度取决于氧的扩散速度;燃烧的化学反应进行得很快,因此火焰焰面厚度很小。

图 5.1 示出了层流扩散火焰的结构。燃气从喷口流出,着火后出现一圆锥形焰面。在焰面以内为燃气,焰面以外是静止的空气。氧气从外部扩散到焰面,燃气从内部扩散到焰面,而燃烧产物又不断从焰面向内、外两侧扩散。该图还示出了 a-a 截面上氧气、燃气和燃烧产物的浓度分布。氧气浓度从静止的空气层朝着焰面方向逐步降低,燃气浓

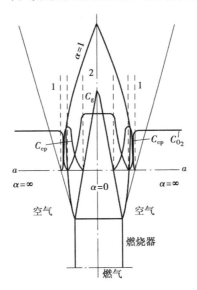

图 5.1　层流扩散火焰的结构

1—外侧混合区(燃烧产物 + 空气);2—内侧混合区(燃烧
产物 + 燃气);C_g—燃气浓度;C_{cp}—燃烧产物浓度;C_{O_2}—氧气浓度

度则从火焰中心朝相反方向逐步降低。燃气和空气的混合比等于化学计量比的那层表面便是火焰焰面,亦即在焰面上 α 正好等于1,而不可能大于或小于1。试设想,假如在 $\alpha < 1$ 的区域内首先着火,那么剩下的未燃燃气将继续向着氧气扩散,与焰外的空气混合而燃烧,使焰面向 $\alpha = 1$ 的表面移动;假设在 $\alpha > 1$ 的地区先着火,那么多余的氧气将向着燃气扩散,与焰内燃气混合而燃烧,亦即焰面又移向 $\alpha = 1$ 的表面。在焰面上,燃烧产物的浓度最大,然后向内、外两侧逐步降低。纯燃气和纯空气之间的混合区被焰面分隔为两个区。内侧为燃气和燃烧产物相互扩散的区域,外侧为空气和燃烧产物相互扩散的区域。氧气通过外侧混合区向焰面扩散,而燃气则通过内侧混合区向焰面扩散。

扩散火焰为圆锥形。这是因为沿火焰轴线方向流动的燃气要穿过一个较厚的内侧混合区才能遇到氧气,这就需要一段时间,而在这段时间内燃气将流过一定的距离,使焰面拉长。燃气在向前流动过程中不断燃烧,纯燃气的体积越来越小,最后在中心线上全部燃尽,所以火焰末端变尖而整个焰面成圆锥形。锥顶与喷口之间的距离称为火焰长度或火焰高度。可以利用相似关系来讨论层流扩散火焰的基本规律。

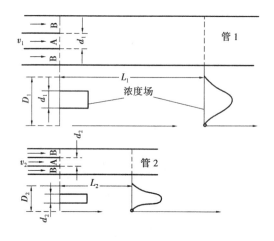

图5.2　层流扩散火焰结构

图5.2中绘出了管1和管2两个相似的扩散燃烧装置。它们都有一个同心内管 A。在内管 A 中流动的是燃气,在内外管之间的空间 B 中流动的是空气,而且两种气体的流速相同。我们可以绘出燃气在不同管道断面的浓度分布。图中在燃气刚离开内管时浓度分布成矩形,随着不断流动不断燃烧,在到达 L_1 和 L_2 处时,浓度分布变为曲线。如 L_1 和 L_2 为火焰的长度,则此时该处燃气和空气之比等于其化学计量比,且此处的燃烧必

在中心线上进行。用 M 表示燃气和空气的扩散率(即单位时间从空气中扩散到燃气中去的氧气量),则 M 应与燃气径向浓度梯度$\left(\dfrac{\mathrm{d}C}{\mathrm{d}r}\right)$和燃气空气接触面积($F$)成正比:

$$M \propto DF \frac{\mathrm{d}C}{\mathrm{d}r} \tag{5-1}$$

式中　D——扩散系数。

由相似定律可知:

$$\frac{M_1}{M_2} = \frac{D_1 F_1 \left(\dfrac{\mathrm{d}C}{\mathrm{d}r}\right)_1}{D_2 F_2 \left(\dfrac{\mathrm{d}C}{\mathrm{d}r}\right)_2} \tag{5-2}$$

由于燃气和氧气的初始浓度相等,所以浓度梯度与内管直径成反比,即:

$$\frac{\left(\dfrac{\mathrm{d}C}{\mathrm{d}r}\right)_1}{\left(\dfrac{\mathrm{d}C}{\mathrm{d}r}\right)_2} = \frac{d_2}{d_1} \tag{5-3}$$

在 L_1 和 L_2 距离内,燃气与氧气的接触面积之比可近似为:

$$\frac{F_1}{F_2} = \frac{d_1 L_1}{d_2 L_2} \tag{5-4}$$

同时,如果在 L_1 和 L_2 距离内燃气正好燃尽,即在此段距离内的扩散率应和燃气的流量相适应,则可推出:

$$\frac{M_1}{M_2} = \frac{v_1 d_1^2}{v_2 d_2^2} \tag{5-5}$$

将式(5-3)和式(5-4)带入式(5-2)同时联立式(5-5)可得

$$\frac{D_1 L_1}{D_2 L_2} = \frac{v_1 d_1^2}{v_2 d_2^2} \tag{5-6}$$

由式(5-6)可知 $L \propto \dfrac{v d^2}{D}$。即当其他条件不变时,火焰长度与燃气气流速度成正比,气流速度越大,火焰长度越长;当燃气流量不变时,火焰长度与气体的扩散系数成反比,扩散系数越大,火焰就越短。

5.1.2 层流扩散火焰向紊流扩散火焰的过渡

图 5.3 是采用直径为 3.1 mm 的管子,用燃气喷入静止的空气中记录不同气流速度下对应的火焰长度数值和火焰状态。可以看出,在层流区域,火焰有清晰的轮廓;气流速度增加时燃气流量也增大;氧气扩散速度不变,则燃尽燃气的时间变长,燃气燃尽时离开管口的距离增大。即火焰长度随气流速度的增加而增加。此现象与上节中推导得出的结论相符。

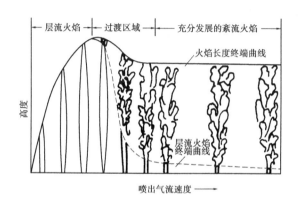

图 5.3 气流速度增加时扩散火焰长度和燃烧工况的变化

当气流速度增大到某一极限时,火焰长度不再继续增大,火焰也不再稳定。此时气流状态由层流转向紊流,火焰的顶端开始跳动。气流速度继续增加,火焰不稳定的部分也继续增加,燃气与空气的扩散过程由分子扩散转向紊流扩散,分子间扰动加剧,燃烧过程得以强化,所以火焰长度相应缩短。随着气流扰动的增加,燃烧过程中燃气和氧气混合时间大大缩短,而燃气和氧气发生化学反应的时间变化不大,当 $t_{ph} \ll t_{ch}$,燃烧过程就在动力区进行,此时火焰开始丧失稳定性。当气流速度继续增加时,会使火焰发生间断,甚至完全吹离管口。

5.1.3 紊流扩散火焰

由图 5.3 可以看出,在紊流区,火焰的长度与气流的速度已经没有清晰的比例关系。在紊流扩散火焰中没有清晰的燃烧焰面,在整个火焰中都发生着燃气和氧气的混合、预热、反应过程。此时火焰的形状和长度完全取决与燃气与空气的流动方向和流动特性。我们可以通过寻找燃气浓度和氧气浓度符合化学当量比的点的轨迹,近似地确定紊流扩散火焰锋面的位置,从而得出紊流扩散火焰的长度。

在自由射流中,轴线上的燃气浓度 C_g 与射流出口处的浓度 C_1 之比可由紊流射流公式得出:

$$\frac{C_g}{C_1} = \frac{0.70}{\frac{as}{r} + 0.29} \tag{5-7}$$

式中　a——紊流结构系数;

　　　s——距出口的轴向距离;

　　　r——射流喷口的半径。

射流中各点燃气浓度(C_g)与空气浓度(C_k)之和是不变的,即 $C_g + C_k =$ 常数。取出口处和射流轴线火焰锋面处两界面,则 $C_1 + 0 = C_g + C_k$,即在火焰锋面处 $C_k = C_1 - C_g$。火焰锋面处燃气和空气的浓度比应近似为两者的化学当量比:

$$\frac{C_g}{C_1 - C_g} = \frac{1}{n} \tag{5-8}$$

可知:

$$\frac{C_g}{C_1} = \frac{1}{n+1} \tag{5-9}$$

在轴线火焰锋面处 s 即为火焰长度,联立式(5-7)和式(5-8)可得出火焰长度 L_f 的计算式:

$$L_f = \frac{r}{a}\left[0.7(1+n) - 0.29\right] \tag{5-10}$$

📖 知识拓展

其他几种紊流扩散火焰长度计算公式：

俄国一些学者对天然气紊流扩散火焰长度进行研究，提出几种计算公式：

（1）谢米基按照理论空气需要量计算公式：

$$Z_T = 11\left(1 + V_0\frac{\rho_a}{\rho_g}\right)d$$

式中　V_0——天然气理论空气需要量，m^3/m^3；

　　　ρ_a——空气密度，kg/m^3；

　　　ρ_g——天然气密度，kg/m^3；

　　　d——喷口直径，m。

（2）斯别谢尔的按天然气热值计算：

$$Z_T = \left(6 + 0.015\frac{\widetilde{Q}_L}{\rho_g}\right)d$$

式中　Q_L——天燃气低热值，MJ/m^3；

　　　d——喷口直径，m；

　　　ρ_g——天然气密度，kg/m^3。

（3）赫特尔提出在周围空气为静止状态下计算公式：

$$Z_T = 5.3d\sqrt{\frac{T_f(1 + V_0)}{T_g\delta}\left(1 + V_0\frac{\rho_a}{\rho_g}\right)}$$

式中　T_f——火焰绝对温度，K；

　　　T_g——天然气流出火孔时的温度，K；

　　　δ——可燃混合物与燃烧产物物质的量的比值。

从下表中可以看出以上公式都是精确的。

项 目		喷孔直径/mm				
		1.5	2.4	3.5	4.0	5.0
喷口前压力/Pa		100～200	100～300	100～500	200～700	200～800
火焰实测长度/mm		240～260	360～400	560～610	650～700	760～800
火焰实测直径/mm		31～32	45～50	67～70	81～84	90～105
火焰计算长度/mm	按谢氏公式	234	374	545	624	780
	按斯氏公式	213	340	496	568	710
	按赫氏公式	260	415	605	690	865

5.1.4　扩散火焰中的多相过程

碳氢化合物进行扩散燃烧时火焰一般会出现两个区域:一个是真正的扩散火焰区,仅存在与出口垂直向上伸展的一个很薄的反应区;另一个是光焰区,该区呈现明亮的淡黄色光焰,这也是碳氢化合物扩散式燃烧的一个特征。

我们可以通过分析层流扩散火焰中气体浓度和温度的变化,来理解光焰的产生。如图 5.4 所示直线 A 相当于燃气燃烧的外表面,直线 B 相当于反应区的内表面。反应区的厚度为 δ_{ch}。燃气浓度从火焰中心最高值逐渐降低,到反应区外表面降至 0;氧气浓度从火焰外最高值逐渐降低,到反应区内表面降为 0。气体温度在反应区内为最高,并由反应区向内外两侧迅速下降。若燃气分解温度(t_d)低于反应区气体最高温度,则等温线与气体温度线交于一点 a。沿 a 做一直线,此直线与直线 B 之间的区域内只有燃气,没有氧气,且温度高于燃气分解温度。此区域即为燃气分解区域。虽然碳氢化合物分解历程现在还不十分清楚,但必定存在着脱氢过程和碳原子的集聚过程。扩散火焰中的碳粒燃烧时便会发出明亮的淡黄色火焰,即光焰。

碳粒和氧气的燃烧过程中发生固体和气体之间的多相反应:首先是氧以分子扩散的方式到达碳粒表面;在碳粒表面力的作用下碳和氧分子之间发生化学吸附过程;氧分子在碳粒表面发生化学反应,反应产物以气态从碳粒表面析出。

在火焰的高温区到达碳粒表面的氧分子大都具有足够的能量参与化学反应。氧分子到达碳粒表面主要靠分子扩散进行,过程很慢。通常碳粒来不及在高温区完全燃尽

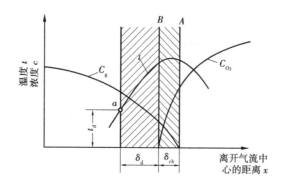

图 5.4　在层流扩散火焰种气体浓度和温度的变化

就随气流进入火焰尾部低温区,到达碳粒表面的氧分子只有少部分能参与化学反应。此时燃烧有可能终断,未燃尽的碳粒就形成炭黑,沉积下来。

5.2
部分预混式燃烧

　　扩散式燃烧结构简单,火焰稳定,但容积热强度低,易产生煤烟。为了提高燃烧强度,在燃烧发生前预先将一部分空气与燃气混合(一次空气过量系数 α 在 0.2~0.8 之间变动),然后再进行燃烧。因为一次空气是依靠一定速度和压力的燃气从喷嘴喷出时的引射作用从大气中引入的,所以这种燃烧方法也被称为大气式燃烧或引射式燃烧。

　　这种燃烧方法的优点是燃烧火焰清晰,燃烧过程较扩散式进一步强化,热效率高;但对一次空气的控制及燃烧组分要求较高,会出现燃烧不稳定的现象。燃气锅炉的燃烧器,一般多采用此种燃烧方法。

5.2.1 部分预混层流火焰

1855 年,德国化学家本生经过改良制成一种燃烧器,在燃烧前能从大气中吸入部分空气与燃气预混,燃烧时产生不发光的蓝色火焰,此被称为本生灯。本生灯燃烧时产生的本生火焰是典型的部分预混层流火焰。图 5.5 中 4 即为稳定燃烧时的本生火焰。本生火焰由内锥体和外锥体组成,在内锥表面火焰向内传播,未燃的燃气—空气混合物向外锥流出。在气流的法向分速度等于火焰的传播速度处,会形成一个稳定的焰面,焰面内侧有一层很薄的浅蓝色燃烧层,因此内锥又被称为蓝色锥体。

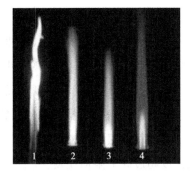

图 5.5　燃气与一次空气不同混合比例的本生灯火焰状态(彩图见封三)

在燃气与空气的一次混合物中,燃气浓度大于着火浓度上限,火焰不会向中心传播,成为扩散式燃烧,蓝色锥体也不会出现。若燃气与空气混合物中燃气浓度低于着火下限,该气流根本不会燃烧。所以蓝色锥体出现是有条件的。

由于一次混合的空气量小于燃烧所需的全部空气量,在内锥只进行了部分燃烧过程,燃烧中间产物穿过内锥焰面向外流动,与外部的空气以扩散方式混合而进行燃烧。所以一次空气系数越小,在内锥燃烧掉的燃气就越少,在外锥与空气混合的发生燃烧的燃气就越多,外锥也就越大。

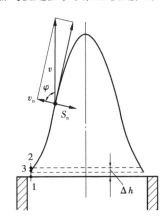

图 5.6　蓝色锥体表面的速度分析

含有碳氢化合物的燃气燃烧时,根据一次空气量不同,外锥可能出现两种情况:当一次空气系数较多时($\alpha' > 0.4$),碳氢化合物在反应区内转化为含氧的醛、醇等,外锥的扩散火焰可能是透明而不发光的;当一次空气系数较少时,碳氢化合物在高温下分解形成碳粒,则外锥的扩散火焰就成为发光的光焰。如图 5.6 所示,在 1 点处由于管壁散热导致火焰温度下降,火焰燃烧速度小于气流速度,火焰被吹离管口。在距离管口某一距离(2 点)处,管壁散热对火焰燃烧速度的影响明显减小,而气流速度几乎没变,此时燃气燃烧速度大于气流速度,火焰开始向内收缩。在 1 和 2 之间必定存在一点 3,此处火焰燃烧速度等于气流速度,焰面稳定且没有分速度(φ =0),此水平焰面是空气—燃气混合物的点火源,又称点火环。点火环使层流预混火焰根部得以稳定。

5.2.2 部分预混层流火焰稳定的条件

当燃烧强度不断加强,气流速度焰面法线方向的分量大于火焰燃烧速度时,火焰会脱离燃烧器出口,在一定距离以外燃烧,此现象称为离焰。若气流速度再增大火焰则被吹灭,称为脱火。如气流速度不断减少,蓝色锥体越来越低,当气流速度小于火焰燃烧速度,火焰将缩进燃烧器,此种现象称为回火。

对于特定组成的燃气—空气混合物,在燃烧时必定存在一个火焰稳定的上限,当气流速度超过此上限值便发生脱火,此上限称为脱火极限。另外还存在一个火焰稳定的下限,当气流速度低于下限值便产生回火现象,此下限称为回火极限。燃气—空气混合物的速度只有在脱火极限和回火极限之间时,火焰才能稳定。

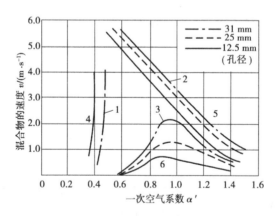

图 5.7 天然气与空气的燃烧稳定范围

1—光焰曲线;2—脱火曲线;3—回火曲线;

4—光焰区;5—脱火区;6—回火区

图 5.7 是按照实验资料绘制的天然气—空气混合物燃烧时的稳定范围。当一次空气系数增大时,混合物的脱火极限减小;出口直径增加时,混合物脱火极限升高。这是因为当一次空气系数较小时,燃气浓度高,在点火环处有较多的燃气向外扩散,能形成

一个较有利的点火环,脱火极限较高。但是,当一次空气系数增加时,点火环处燃气浓度降低,点火环燃烧强度减低,脱火极限也下降;当燃烧器出口直径增大时,气流向周围散热减少,火焰燃烧速度增加,脱火极限也增大。

一次空气系数对回火极限的影响与一次空气系数对火焰燃烧速度影响相似,在图中都是倒 U 字形。存在一个最大值,在最大值两侧回火极限都逐渐减小。当其他条件不变,燃气出口管径变小时,管壁散热作用增加,火焰燃烧速度降低,回火极限速度降低。当燃烧孔径小于极限孔径时,便不会发生回火现象。

图中还给出了光焰曲线,当一次空气系数较小时,碳氢化合物热分解形成碳粒,引起不完全燃烧。所以部分预混式燃烧的一次空气系数不宜过小。

通过周边速度梯度理论可以定量的来分析回火和脱火现象的理论。周边速度梯度理论从研究火焰在燃烧器出口处的稳定特性而建立起来,由刘易斯和冯·埃尔柏提出。该理论认为回火和脱火的极限决定于靠近气流周边处的气流速度的变化率,或者说取决于周边速度梯度。

发生回火时周边速度梯度为:

$$\left(\frac{\mathrm{d}v}{\mathrm{d}r}\right)_{r \to R} = \left(\frac{\mathrm{d}S}{\mathrm{d}r}\right)_{r \to R} \tag{5-11}$$

层流情况下,任意一点的气流速度可写成

$$v = \frac{2L}{\pi R^2}\left(1 - \frac{r^2}{R^2}\right) \tag{5-12}$$

式中 L——气体流量;

  R——管子半径;

  r——某点离管中心的距离。

$$L = \pi R^2 \bar{v} \tag{5-13}$$

$$-\left(\frac{\mathrm{d}S}{\mathrm{d}r}\right)_{r \to R} = \frac{4L}{\pi R^3} \tag{5-14}$$

将式(5-13)带入式(5-14)可得:

$$-\left(\frac{\mathrm{d}S}{\mathrm{d}r}\right)_{r \to R} = 8\frac{\bar{v}}{D} \tag{5-15}$$

由式(5-15)可知,对于一定组成的燃气,其回火速度与燃烧器出口直径成正比,直径越大,回火极限速度越高。

把式(5-15)中气体流量换为脱火时的流量,即可求得脱火时燃烧器出口处的周边速度梯度。周边速度梯度理论虽然针对层流状态导出,但在某些紊流状态下也适用。

5.2.3 部分预混紊流火焰

随着燃烧热强度增大,燃气流速增加,焰面由光滑变为皱曲,火焰由层流发展为紊流状态。当紊动尺度很大时,焰面强烈扰动,气体各个质点离开焰面,分散成许多燃烧的气流微团随着可燃混合物和燃烧产物的流动而不断飞散,最后完全燃尽。此时燃烧表面积大大增加,燃烧也得到强化。

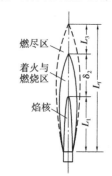

图 5.8 紊流火焰的结构

通过对自由空间预混式紊流火焰研究,将紊流火焰分为三个区,如图 5.8 所示。焰核:燃气空气混合物尚未点燃的冷区;着火与燃烧区:大约 90% 的燃气在这里燃烧;燃尽区:完成全部燃烧过程。其边界不可见,要通过气体分析来确定。

紊流火焰的长度,即三个区域的长度和,可表示为:

$$L_f = L_1 + \delta_2 + L_3 \tag{5-16}$$

式中　L_f——火焰总长度;

　　　L_1——焰核长度;

　　　δ_2——沿气流轴线方向紊流火焰的厚度;

　　　L_3——沿气流轴线方向燃尽区的厚度。

火焰焰核的长度 L_1 取决于一定气体动力特性的气流中火焰的传播过程,近似地可写成

$$L_1 \approx \frac{vr}{S_T} \tag{5-17}$$

式中　v——混合物的流动速度;

　　　r——除去边界层的流出半径;

　　　S_T——紊流火焰传播速度。

紊流火焰厚度 δ_2 取决于火焰的紊流特性和燃气—空气混合物的性质,对于一定的可燃气体混合物用强化燃烧的方法来缩小火焰厚度是十分困难的。

燃尽区的厚度 L_3 取决于混合物的动力特性及气流速度(停留时间),$L_3 = Kv$。

5.2.4 部分预混紊流火焰的稳定

从对层流预混火焰的研究中可知,混合气流在一定的范围内波动时,燃烧器不会发生脱火和回火。预混紊流火焰器工作的稳定区可能变得很窄,或者消失,即火焰无法靠自身的调节来维持稳定。此时只有采用人工的稳焰方式才能维持燃烧器的正常工作。

为防止脱火,最常用的方法是在燃烧气的出口处设置点火源。点火源可以是连续作用的人工点火装置,如炽热物体或一个稳定的辅助火焰;也可以是炽热的燃烧产物回流火焰根部而形成点火源。

热烟气的回流通常是通过在燃气—空气混合气的气流中设置钝体稳焰器来实现。对于钝体稳焰基本理论的研究,主要从化学动力学和流体力学两方面出发,现在有若干种物理模型解释火焰的稳定条件。例如,威廉姆斯等从简化的热理论出发,得到火焰稳定条件;朗格威尔等从均匀搅拌反应器模型出发,得到火焰稳定条件;儒柯斯基从混合气体通过回流区时的着火延迟及其停留时间的关系,也得到了火焰稳定条件。

以下仅以简化热理论为例,讨论火焰的稳定。图5.9为钝体稳焰模型,采用V形棒稳焰器形成回流区。主气流的初始温度为T_0,回流区里流出的气体温度为T。两股气流在回流区起始的地方开始混合,经混合后气流温度为T_1,然后气流分为两路,一部分气流向下游流去,继续燃烧;另一部分气流进入回流区,以补充刚才离开回流区的那部分气体。进入回流区的气体也继续燃烧,使温度升高到T。当主气流速度V不断升高时,回流区的流速V_w也随之升高,T_1不断降低。当T_1降到着火温度以下时,回流区内的气体不能继续燃烧,气流就发生脱火。

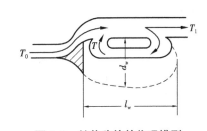

图5.9 钝体稳焰的物理模型

d_w—回流区直径;l_w—回流区长度;T_0—初温;T—离开回流区的气体温度;T_1—进入回流区的气体温度

该模型经简化之后可用下式表示:

$$\frac{v}{pd} = AS^2 \tag{5-18}$$

式中　v——主气流速度;

　　　p——燃气压力;

　　　d——钝体稳焰器直径;

A——常数；

S——法向火焰传播速度。

当气流速度 v 低于上式计算对应的脱火临界速度数值时,火焰保持稳定;当气流速度大过脱火临界数值时发生脱火。

5.3
完全预混式燃烧

完全预混式燃烧是在部分预混式燃烧基础上发展起来的。它虽然出现较晚,但因为在技术上比较合理,很快便得到了广泛的应用。

进行完全预混式燃烧的条件:一是燃气和空气在着火前预先按化学当量比混合均匀;二是设置专门的火道,使燃烧区内保持稳定的高温。在满足此条件下,燃气—空气混合物到达燃烧区后能在瞬间燃烧完毕;火焰很短甚至看不见,所以完全预混式燃烧又称无焰燃烧。

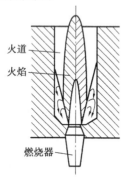

图 5.10　火道中火焰的稳定

完全预混式燃烧火道的容积热强度很高,可达$(100 \sim 200) \times 10^6$ KJ/$(m^3 \cdot h)$或更高,并且能在很小的过剩空气系数下(通常 $\alpha = 1.05 \sim 1.10$)达到完全燃烧,因此燃烧温度很高。完全预混可燃物的燃烧速度很快,但火焰的稳定性较差。

工业上的完全预混式燃烧器,常常有一个紧接的火道来稳焰。图 5.10 所示为火道中火焰的稳定。来自燃烧器 1 的燃气—空气混合物进入火道 3,在火道中形成火焰 2。

由于引射作用,在火焰的根部吸入炽热的烟气,形成高温燃烧产物回流区,使天然气与空气混合物得到预热,以便增大火焰传播的速度,提高燃烧强度;同时炽热的耐火材料和涡流区的燃烧产物形成可靠的点火源,防止脱火,便于稳定燃烧。

图 5.11 为乌克兰燃气研究所在圆柱形火道内进行天然气—空气混合物燃烧实验

时,火道中温度变化与燃气燃尽情况。图中实线表示火道轴线上各点的化学未完全燃烧情况,虚线是火道壁面温度的变化曲线。在火道起始段可燃混合气体的浓度可能不均匀,在 $5.5d_0$(d_0 为喷口直径)的长度以内燃尽了约 90% 的燃气,其余燃气在 $(6 \sim 6.5)d_0$ 的一段内燃尽。热负荷大时,化学未完全燃烧所占的百分比也大些。在离开喷口 290 mm 以后,不再存在化学未完全燃烧产物。

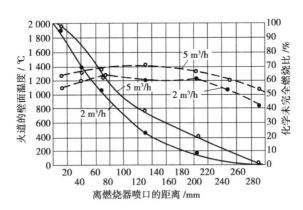

图 5.11　火道中的温度变化和燃气的燃尽曲线

(喷口直径 65 mm;火道直径 65 mm;火道长度 311 mm;$\alpha = 1.15$ mm)

火道起始段的壁面温度较低,中间部分壁面温度较高,靠近火道出口处又复降低。热负荷越大,火道壁面温度越高。可以看出,火道中的热交换情况决定于火道的长度与直径之比,火道尺寸对无焰燃烧是十分重要的。

按化学计量比组成的燃气—空气混合物是一种爆炸性气体,其火焰传播能力很强,因此,在完全预混燃烧时很容易发生回火。为了防止回火,必须尽可能使气流的速度场均匀,以保证在最低负荷下各点的气流速度都大于火焰传播速度。为了减低燃烧器出口处的火焰传播速度,还可以采用有水冷却的燃烧器喷头。

按照火道形状火道分圆形火道和矩形火道;按照火道数量火道分单火道和多火道,其中多火道仅用于无焰板式燃烧器。当火道孔口直径小于临界孔径时,火焰就不会回入火孔眼内去,而在接近多孔板外表面附近。当天然气—空气混合物通过多孔陶瓷板进行无焰燃烧时,在通过孔板前混合物的温度很低,经过孔板的孔眼时混合物得到了预热。在燃烧区,温度约为 1 150 ℃,预热至高温的燃气—空气混合物的燃烧反应进行得十分迅速,在离多孔板外表面很近的距离 L_1 内可以全部完成,因此具有无焰的特征。多孔陶瓷板上进行的完全预混燃烧其表面呈现一片红色,燃烧成生的热量有 40% 以上以辐射热形式散发出来,因此它又称为燃气红外线辐射板。

学习鉴定

1. 填空题

(1)当燃烧过程在动力区进行时,燃烧速度将受_____因素的控制。

(2)层流扩散火焰焰面内侧为_____和_____相互扩散的区域,外侧为空气和燃烧产物相互扩散的区域。

(3)层流扩散式燃烧,当气体流量不变时,火焰长度与_____成反比。

(4)本生灯的火焰燃烧方式属于_____。

(5)自由空间中预混式紊流火焰分为_____、_____和_____三部分。

(6)完全预混式燃烧器中火道的作用是_____。

2. 画图题

在纵坐标为混合物流速,横坐标为一次空气系数的图中,画出部分预混燃烧方式光焰曲线、脱火曲线、回火曲线大致位置。

3. 简答题

(1)扩散燃烧、部分预混燃烧及完全预混燃烧是按照什么来分类的?其燃烧的特点分别是什么?

(2)本生灯中蓝色锥体出现的条件是什么?

(3)紊流部分预混式火焰稳定的方法有哪些?

(4)完全预混式燃烧器中火道如何起到稳定火焰的作用?

6　燃烧与环境保护

核心知识

- CO 的生成机理及抑制措施
- NO 的生成机理及抑制措施

学习目标

- 了解燃烧对环境的影响
- 了解 CO 及 NO 的生成机理
- 熟悉 CO 及 NO 的控制措施
- 了解燃烧噪声的来源途径及防护措施

随着人们对生存环境的日益关注,燃烧所产生的污染问题越来越受到人们的重视。燃气虽为较清洁的燃料,但通过在高温下的燃烧,产生的部分燃烧产物不可避免地将对人体和大气环境产生危害;燃烧过程也不可避免地会产生噪声。只有清楚诸多污染产生的原因,才能采取有效的措施对其加以控制。

燃烧烟气中的有害物主要包括:CO、NO、SO_2、CO_2 等。CO、NO 和 SO_2 均具有较大的毒性,其中 NO 和 SO_2 在大气环境中容易氧化成毒性更大的 NO_2 和 SO_3,对人体危害很大,因此对其排放水平应严加控制。碳氢化合物的燃烧不可避免地会产生 CO_2,CO_2 虽没有毒性,但它却是造成大气温室效应,导致全球气候变暖的重要物质。正常条件下,城市燃气都经过脱硫净化处理,燃料中的含硫量可以得到有效控制,排放的烟气中 SO_2 数量很少。

 知识窗

空气中含有约 0.03% 的二氧化碳,它是绿色植物进行光合作用不可缺少的原料。但由于人类活动(主要是化石燃料的燃烧)影响,近年来 CO_2 排放量猛增。CO_2 气体不能透过长波红外辐射,具有隔热和吸热的作用。它在大气中增多就像形成了一个无形的玻璃罩,使太阳辐射到地球上的热量无法正常向外层空间散失,其结果是形成温室效应,使地球表面温度升高,全球气候变暖,由此会带来以下严重恶果:冰川融化,海平面上升;气候反常,海洋风暴增多;增加土地干旱,沙漠化面积增大;地球上的病虫害增多。

随着人们对地球环境变暖问题的关注,CO_2 的减排成为世界各国共同承担的责任。旨在遏止二氧化碳过量排放的《京都议定书》已于 2005 年 2 月 16 日正式生效。这是人类历史上首次以法规的形式限制温室气体 CO_2 的排放,有望通过国际合作遏止温室效应。

提高能源利用效率,减少燃料燃烧消耗量,从而从总量上减少污染的排放,是应对燃烧污染问题的根本途径——节能即环保。

6.1
CO 对环境的影响

1）CO 的危害

CO 是人类最早认识到的燃烧污染物。它是无色无味的气体,是燃料不完全燃烧的产物。当 CO 被吸入人体后,会很快与血液中的血色素结合成一氧化碳血色素（COHb）,阻碍氧随血液的输送,从而会造成人体组织缺氧,进而引起各种疾病甚至死亡。

2）CO 的生成途径与控制措施

燃烧室中 CO 的形成是碳氢化合物燃烧过程中的主要反应过程之一,其过程可表示如下:RH→R→RCHO→RCO→CO（R 代表碳氢原子团。）

CO 形成过程中的主要反应归因于 RCO 的热分解作用,Bowman 的 CO 动力学探讨表明,可用一步反应的准完整模型来描述 CO 和 H_2:

$$C_mH_n + \frac{m}{2}O_2 \longleftrightarrow mCO + \frac{n}{2}H_2 \tag{6-1}$$

CO 按下式与氧气直接进行氧化反应,生成 CO_2 的速度是很慢的,因而在许多情况下该反应可以忽略不计。

$$CO + O_2 \longrightarrow CO_2 + O \tag{6-2}$$

在烃燃料火焰中,通常 OH 的浓度较高。CO 转化成 CO_2 的反应几乎完全基于以下的基本反应式:

$$CO + OH \longleftrightarrow CO_2 + H \tag{6-3}$$

该式是 CO 转化成 CO_2 的唯一主要机理。可以得出结论:燃料中最初所含有的碳都将生成 CO,CO 是由含碳燃料氧化而必然产生的一种中间产物。因此,控制 CO 排放的注意力应集中在如何使 CO 再完全氧化,而不是集中在限制它的形成上。

假如在火焰温度下,有充分的氧气和停留时间,CO 的浓度就会在反应之后降至很低的程度。由烟气中实测得的 CO 浓度值比火焰中的最大值要低,但却远远高于烟气条件下的平衡值,恰恰说明了这个问题。

 知识窗

> CO 是含碳燃料燃烧而必然产生的一种中间产物。燃料中最初所含有的碳都将先氧化成 CO,而后进一步氧化成 CO_2。有利于 CO 转化为 CO_2 的反应条件,是影响 CO 排放量的关键。

6.2
NOₓ 对环境的影响

6.2.1 NOₓ 的危害

燃气燃烧过程中生成的 NO_x 几乎全是 NO。NO 是无色无味的气体,微溶于水,在空气中易氧化为有窒息性臭味的红棕色气体 NO_2。NO 与血液中的血色素的亲和力约为 CO 的数百倍,很容易和人体或动物血液中的血色素结合生成氮氧血红蛋白(NOHb)或氮氧—正铁血红蛋白,从而使氧气不能被输送到人体的各器官,使人体组织缺氧而引起症状直至死亡。此外,NO 还有致癌作用,对细胞分裂及遗传信息的传递亦有不良影响。由 NO 氧化而来的 NO_2 毒性比 NO 高 4 ~ 5 倍,危害更大。NO_2 还会参与光化学烟雾的形成,产生极强的大气污染。除了对人体健康产生危害,NO_2 对森林和农作物的损害也相当大的。NO_2 侵入植物机体会损坏机体的细胞和组织,阻碍各种代谢功能。

NO$_2$ 对人的最低致死量为 100×10^{-6},相当于 CO 在 $1\,000 \times 10^{-6}$ 以上或 SO$_2$ 在 300×10^{-6} 以上的毒性。由 NO$_2$ 生成的硝酸与 SO$_2$ 生成的硫酸等一起形成的酸雨中,NO 约占整个来源的 40%。酸雨在我国南方地区危害严重,不仅对人、植物有严重危害,对水源、建筑物等都有严重的污染和侵蚀损害。

6.2.2　NO$_x$ 的产生途径与控制措施

固定燃烧装置排放的 NO$_x$ 中 90% ~ 95% 为 NO,因此研究 NO$_x$ 的生成机理及抑制途径主要是针对 NO。

1）NO 生成途径

NO 生成途径有以下三种:

(1)温度型 NO(Thermal-NO,简称 T-NO)

T-NO 是空气中的氮分子与氧分子在高温下生成的。由于 NO 生成反应所需活化能高于燃气可燃成分与氧反应的活化能,故 NO 生成速度较燃烧反应慢,因此在火焰面内不会大量生成 NO。NO 大量生成是在火焰面的下游,特别是焰面下游局部高温、局部氧浓度大和烟气停留时间长的那些地方,更容易生成 NO。NO 的生成速度可用如下一组不分支链反应来说明:

$$O + N_2 \underset{}{\overset{k_1}{\longleftrightarrow}} NO + N \tag{6-4}$$

$$N + O_2 \underset{}{\overset{k_2}{\longleftrightarrow}} NO + O \tag{6-5}$$

按照化学反应动力学的方法,可以得到 NO 生成速度的公式:

$$\frac{d[NO]}{dt} = 3 \times 10^{14} [N_2][O_2]^{\frac{1}{2}} e^{-542\,000/RT} \tag{6-6}$$

由式(6-6)可知,影响 T-NO 生成的主要因素为燃烧温度、氧气浓度及烟气在高温区停留的时间。

(2)快速型 NO(Prompt-NO,简称 P-NO)

P-NO 是在燃料浓度较大,氧浓度较低时产生。因此,要降低 P-NO 只要供给足够的氧气就可以了。P-NO 产生于火焰面内,是富碳化氢类燃料燃烧时特有的现象。通常 P-NO 生成量比 T-NO 生成量小一个数量级。P-NO 与温度关系不大。

(3)燃料型 NO(Fuel-NO,简称 F-NO)

F-NO 是以化合物形式存在于燃料中的氮原子被氧化而生成的。其生成温度为 $600 \sim 900 \ ^{\circ}\mathrm{C}$,具有中温生成特性。由于一般燃烧温度都远高于此值,因此燃烧温度对 F-NO 的生成影响不大。由于气体燃料中 N 的化合物含量很少,故 F-NO 可以不考虑。

2)影响 NO 生成的主要参数

由上述分析可见,气体燃料燃烧所生成的 NO 绝大部分是 T-NO。因此,抑制 NO_x 排放主要从降低燃烧温度、降低烟气中剩余氧浓度和缩短烟气在高温区的停留时间入手。从运行角度来看,影响 NO 生成的主要参数是过剩空气系数和燃烧热负荷。

(1)过剩空气系数的影响

随着过剩空气系数的变化,燃烧温度与氧气浓度也发生变化,这两者的变化是影响 NO 生成量的主要因素。因此,过剩空气系数是这两种因素对 NO 生成量影响的综合体现。

(2)燃烧热负荷的影响

一般认为,燃烧热负荷的变化会引起火焰温度的改变,进而对 NO 生成量也产生影响。除了甲醇,其他燃料的 NO_x 浓度均随着热负荷的增加而增加。

6.3

燃烧噪声对环境的影响

噪声被列为国际三大公害(大气污染、水污染和噪声污染)之一。由燃烧装置产生的噪声往往是巨大而持续的,对操作环境以及临近环境都造成很大影响,必须采取有效的措施进行防控。

1）噪声的来源

燃烧系统中的噪声主要来源于风机、气流和火焰。由此燃烧系统的噪声可分为机械噪声、空气动力噪声、燃烧噪声。

（1）机械噪声

机械噪声主要来源于燃烧及辅助设备的机械振动。在功率较大的燃烧装置上，为了获得燃烧所需的空气，往往采用鼓风机鼓风，或是为了维持炉膛负压而在烟道中安装引风机排风。风机运转时，会产生强烈的噪声，包括由轴承转动、机械传动以及机组运转时的不平衡所产生的摩擦噪声；风机及风管本身振动也会产生的噪声；还有电机的冷却风扇噪声、电磁噪声等，成为燃烧系统中一个非常重要的噪声源。

（2）空气动力噪声

燃烧系统中的气流形成紊流，在出现速度和压力的剧烈脉动时，便产生了噪声。由于这种波动具有随机性，因此气流噪声是宽频带噪声。按其产生机理不同，空气动力噪声可分为射流噪声、涡流噪声以及边界层噪声。这三种噪声中含有各种频率，当其某一噪声与燃烧噪声产生的某一频率相同时，将引起共振，使振幅增大，发出很大的噪声。

在空气动力噪声中，射流噪声是最常见的一种噪声源。燃气或空气向炉内的射流以及燃烧装置排气放空等都存在射流噪声问题，其形成机理和抑制方法都已成为当代环境工程中的重要研究课题。

（3）燃烧噪声

燃烧反应引起局部区域物质成分波动，进而引发气流速度和压力的变化而产生噪声。均匀混合的层流火焰是无声的。燃烧噪声来源于气流的紊动和局部区域组分的不均匀。

燃烧噪声的大小与燃烧强度成正比。通过改变燃烧器喷嘴的结构和排列方式，例如以多个小喷口代替一个大喷口，使燃料以细股喷入，可以降低此类噪声的强度。

 **知识拓展**

在锅炉燃烧室中，经常出现压力脉动，压力忽高忽低。正常情况下，这种压力脉动微小，而且波形无明显周期性，仅仅发出较大的燃

烧噪声。当这种噪声主要是由单一频率组成的大噪声时,在燃烧器、燃烧室、加热炉和烟道内常形成驻波。驻波与火焰相互作用引起供气和燃烧过程的脉动,在一定条件下就可能形成共振而发出很大的噪声。例如一对燃烧器的相邻火道,单用一个时没有什么噪声,而当两个火道同时使用时就可能发出很大的噪声。

2)噪声的消除与控制

控制噪声污染应该从噪声源、传声途径和影响对象三个环节综合考虑。

(1)控制噪声声源

控制噪声声源是控制噪声的最根本和最有效的途径。常采用的方法有以下几种:

①提高风机装配精度,消除不平衡性并注意维修保养以减少机械噪声。选用低噪声的传动装置,避免电机直联而又无声学处理。

②改变喷嘴形状。相同出口截面积的花形喷嘴和多孔喷嘴较单孔喷嘴产生的噪声小。由于花形喷嘴加工困难,工程上常采用多孔喷嘴,特别是对中压引射式燃烧器更为合适。此外,降低燃气的压力和喷嘴的出口流速,不仅可以减少射流噪声,而且还可降低燃烧噪声。

③减少燃烧器热负荷。当一个燃烧器的热负荷为 Q 时,其声功率为

$$W = kQ^2 \tag{6-7}$$

若将燃烧器数目增为 n 个,每个燃烧器的热负荷为 $\dfrac{Q}{n}$,则整个声功率为

$$W' = nk\left(\frac{Q}{n}\right)^2 = \frac{1}{n}W \tag{6-8}$$

可见,增加燃烧器的个数,可以降低噪声功率。此外,合理选择燃烧器设计参数和注意运行工况的调整,使燃烧器稳定工作,也是减少噪声的有力措施。

(2)控制噪声传播途径

如果由于条件限制,难以从声源上避免噪声的产生,就需要在噪声传播途径上采取措施加以控制。采取吸音、消音、隔音和阻尼等措施来降低和控制噪声的传播,是常见的噪声控制手段,也可以达到很好的效果。常用的减噪装置有:

①吸声材料。通常使用的吸声材料有玻璃棉、矿渣棉、毛棉绒、毛毡、木丝板和吸声砖等。材料内部具有许多微小的间隙和连续的孔洞,有良好的通气性能。当声波入射

到其表面时,将顺着这些孔隙进入材料内部并引起孔隙中的空气和材料细小纤维的振动。因为摩擦和黏滞阻力的作用,相当一部分声能转化为热能而被消耗掉。

②隔声罩。将发出噪声的机器(如风机)等完全封闭在一个隔声罩内,防止噪声向外传播。在隔声罩内衬以多孔性吸声材料,当声波在微型孔道内通过时,利用摩擦和黏滞阻力把声能消耗掉。为防止机器噪声通过连接管路传出罩外,管路需要采用柔性连接。

③消声器(声学滤波器)。管道中使用的消声器是靠声阻抗的变化来阻止声波自由通过,实现部分反射回声源来减少噪声。常用的基本方法是改变导管横截面和提供旁侧支管。

(3)在噪声接收点进行防护

控制噪声最后一种手段是在接收点进行保护。当其他措施不能实现时,或只有少数人在噪声环境中工作时,个人防护是既经济又有效的措施。常用的防护装置有耳塞、耳罩、头盔等。

学习鉴定

1. 填空题

(1)燃烧污染主要包括_____和_____。

(2)燃烧排放的 CO_2 对环境的污染,主要是由于它是导致_____的主要来源。

(3)燃气中的碳在通过燃烧反应被氧化成 CO_2 的过程中,_____是不可避免的中间产物。

2. 简答题

(1) CO 和 NO_x 的排放控制主要从哪些方面入手考虑?

(2)燃烧噪声的来源有哪些? 如何控制噪声污染?

7 燃气燃烧器

核心知识

- 燃烧器的分类和技术要求
- 扩散式、大气式、无焰式燃烧器的工作原理、特点及应用
- 高效环保燃烧器

学习目标

- 熟悉燃烧器的分类和技术要求
- 掌握扩散式、大气式、无焰式燃烧器的工作原理、特点及应用
- 熟悉常用的稳定燃烧技术措施
- 了解高效环保燃烧器

知识窗

　　燃气燃烧器是进行燃气与空气混合,实现燃烧反应的核心设备,在工业上常燃气燃烧器称为燃气烧嘴。集合了送风设备、调节控制机构和燃烧器的紧凑整体称为燃烧机。

7.1
燃烧器的分类与技术要求

1)燃烧器的分类

不同的应用场合需要相适应的燃烧方法,因而燃气燃烧器的类型各式各样。

(1)按一次空气系数分类

①扩散式燃烧器。燃气中不预混空气,一次空气系数 $\alpha' = 0$。

②部分预混式燃烧器,又称大气式燃烧器。燃烧前,燃气中预先混入一部分空气,燃烧所需其余空气后续供入,通常一次空气系数 $\alpha' = 0.45 \sim 0.75$。

③完全预混式燃烧器,又称为无焰燃烧器。燃烧所需的全部空气与燃气在点火前预先充分混合,一次空气系数 $\alpha' \geqslant 0$。

(2)按空气的供应方式分类

①自然引风式燃烧器。依靠炉膛负压将环境空气吸入燃烧区域进行燃烧。

②鼓风式燃烧器。采用鼓风设备将空气强制送至燃烧反应区。

③引射式燃烧器。通常利用燃气高速流动形成的负压引射空气进行混合;也可用空气射流引射燃气。

(3)按燃气供应压力分类

①低压燃烧器。燃气压力在 5 000 Pa 以下。

②高(中)压燃烧器。燃气压力高于 5 000 Pa。

2)对燃烧器的技术要求

①能够达到所要求的热负荷,满足正常的加热要求。

②燃烧稳定。当燃气压力和热值在正常范围变动时,不会发生回火和脱火等不稳定燃烧现象。

③燃烧完全,效率高,对环境污染小。严格控制污染气体的排放量,符合国家标准的要求。较高水平的燃烧效率,有助于控制温室气体 CO_2 的排放量。

④结构紧凑,金属耗量低。结构紧凑,便于燃烧器的布置;规模化生产则必须考虑降低金属耗量,以控制生产成本。

⑤工况调节方便,噪声低。

应用举例

考虑到燃烧效率和燃烧稳定的问题,民用燃烧器具大多采用引射器引射式的大气燃烧器。

7.2
扩散式燃烧器

按照扩散式燃烧方法设计的燃烧器称为扩散式燃烧器。燃气与空气不进行燃前预混,燃烧所需要的空气全部在燃烧过程中供给。根据空气供给方式的不同,扩散式燃烧器又可分为自然引风式和强制鼓风式两种。

1）自然引风扩散式燃烧器

自然引风式,依靠自然抽力,以分子扩散或紊流扩散的方式向燃烧区域供应空气,多用于民用,常简称为扩散式燃烧器。

（1）自然引风扩散式燃烧器的构造及工作原理

最简单的扩散式燃烧器是在一根钢管上钻一排火孔而制成的,如图7.1所示。燃气在一定压力下进入管内,经火孔逸出后从周围空气中获得氧气而燃烧,形成扩散火焰。

图7.1 直管式扩散燃烧器

根据被加热物体的形状或炉膛布置的需要,自然引风式扩散燃烧器可以由单管组合成各种形状,如图7.2、7.3所示。燃气由总管分配到各支管,然后由火孔逸出燃烧。

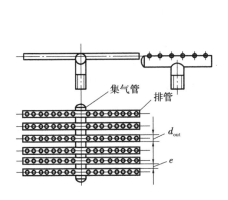

图7.2 排管扩散式燃烧器

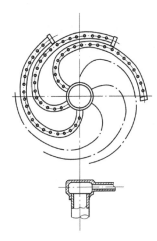

图7.3 涡卷式扩散燃烧器

（2）自然引风扩散式燃烧器的特点及应用范围

自然引风扩散式燃烧器结构简单,制造方便,具有燃烧稳定,不会回火且点火容易,调节方便等优点。另外,还可利用低压燃气,并且不需要鼓风,没有动力消耗。

但是,由于燃气与空气完全通过扩散混合,燃烧热强度低,火焰长,燃烧需要占据较大的空间;由于扩散混合效率低,容易局部缺氧而造成不完全燃烧,甚至冒黑烟。

自然引风扩散式燃烧器主要适用于加热温度要求不高,但要求温度均匀、火焰稳定的场合,如用于沸水器、热水器、纺织业和食品业中的加热,以及在小型采暖锅炉中用作点火器。有些工业窑炉要求火焰具有一定亮度或某种保护性气氛时,也可采用自然引风扩散式燃烧器。由于它结构简单、操作方便,也常用于临时性加热设备。

层流扩散式燃烧器一般不适用于燃烧天然气和液化石油气。因为这两种燃气燃烧速度慢,容易产生不完全燃烧和烟炱。

(3)自然引风扩散式燃烧器的设计计算

燃烧器的功用是实现燃气的燃烧,获得必要的热能。因此,满足一定流量燃气的燃烧,保证所需要的加热负荷是对燃烧器最基本的要求;同时还必须考虑燃烧安全和工况调节的问题。

不同种类与来源的燃气,组成成分存在差异,必然导致具有不同的燃烧特性,实现稳定燃烧所需要考虑的具体问题也不同。因此,燃烧器的设计都是针对特定种类的燃气,以一定的燃气成分为基础进行设计的。

燃烧器设计的最终成果要落实在图纸上,整个设计的蓝图最基本的就是要确定燃烧器的形状、火孔如何布置、火孔的大小、火孔的数量、火孔之间的间距等。而这些参数的确定,有些基础的数据要根据大量实验所得到的经验数据选取;也可查相应的技术图表,其他参数则要通过计算获得。设计计算中所考虑到的一切细节问题都是为了满足加热负荷的要求,特别是稳定燃烧的要求。

自然引风式扩散燃烧器的形式虽然很多,但其设计计算方法大同小异,均是以动量定理、连续性方程及火焰的稳定性为基础,目的是确定火孔直径、数目、间距及燃烧器前燃气所需要的压力。

火孔热强度是燃烧器设计中要用到的基本参数,它定义为单位火孔面积的功率,常用单位是 W/mm^2。功率的获得是通过燃气的燃烧来实现的,因此,火孔热强度的大小也可以用来衡量单位时间内通过火孔的燃气流量。

(4)直管式扩散燃烧器的设计计算

直管式扩散燃烧器结构简单,其设计思路和方法具有很好的典型性和代表性,现对其做简单介绍。

①选取火孔直径 d_p

一般取 $d_p = 1 \sim 4$ mm。火孔太大不容易燃烧完全;火孔太小又容易被堵塞。

②选取火孔间距 s

火孔间距过小会造成相邻的火焰合并而导致与空气接触面减少,从而影响扩散混合的过程而恶化燃烧;火孔间距过大又可能导致点火的困难。因此,火孔间距的选取以保证顺利传火和防止火焰合并为原则,一般取 $s = (8 \sim 13)d_p$。

③计算火孔出口速度 v_p 根据自然引风扩散燃烧稳定范围,由表 7.1 选取火孔热强度 q_p,计算火孔出口速度 v_p。

$$v_p = \frac{q_p}{H_1}10^6 \qquad (7\text{-}1)$$

式中　v_p——火孔出口速度,m/s;

　　　q_p——火孔热强度,kW/mm^2;

　　　H_1——燃气低热值,kJ/m^3。

表 7.1　一般扩散燃烧器火孔设计参数

燃气种类	人工煤气				天然气				液化石油气			
火孔直径 d_p/mm	1	2	3	4	1	2	3	4	1	2	3	4
额定火孔热强度 q_p/ kW/mm^2	0.93 ~ 1.05	0.46 ~ 0.58	0.23 ~ 0.28	0.17 ~ 0.23	0.46	0.35	0.23	0.12	0.12	0.03	0.017	0.009
火孔中心距离 s/mm	$(8 \sim 13)d_p$											
火孔深度 H/mm	$(1.5 \sim 20)d_p$											

(5)计算火孔总面积 F_p

$$F_p = \frac{Q}{q_p} \qquad (7\text{-}2)$$

式中　F_p——火孔总面积,mm^2;

　　　Q——燃烧器热负荷,kW。

(6)计算火孔数目 n

$$n = \frac{F_p}{\frac{\pi}{4}d_p^2} \qquad (7\text{-}3)$$

(7)计算燃烧器头部燃气分配管截面积 F_g

燃气由火孔逸出燃烧,只有每个火孔的燃气流速相同,才能保证每个火孔的火焰高度整齐。各个火孔下部相互连通的燃烧器头部具有一定的容积,才能保证各个火孔出口获得均衡的压力,从而保证出口流速一致。一般要求头部截面积应不小于火孔总面积的两倍,即:

$$F_g \geqslant 2F_p \tag{7-4}$$

(8)计算燃烧器前燃气所需要压力 h

通常燃气在头部流动的方向与火孔垂直,故燃气在头部的动压不能利用,这时头部所需要的压力为:

$$h = \frac{1}{\mu_p^2} \frac{v_p^2}{2} \rho_g \frac{T_g}{273} + \Delta h \tag{7-5}$$

式中　h ——头部所需压力,Pa;

　　　μ_p ——火孔流量系数,与火孔的结构特性有关。在管子上直接钻孔时,$\mu_p = 0.65 \sim 0.70$。在管子上直接钻较小的孔($d_p = 1 \sim 1.5$ mm),当 $\frac{h}{d_p} = 0.75$ 时,$\mu_p = 0.77$;当 $\frac{h}{d_p} = 1.5$ 时,$\mu_p = 0.85$ (h ——火孔深度)。对于管嘴,当 $\frac{h}{d_p} = 2 \sim 4$ 时,$\mu_p = 0.75 \sim 0.82$,对于直径小、孔深浅的火孔,取较小值。

　　　v_p ——火孔出口速度,m/s;

　　　ρ_p ——燃气密度,kg/m³;

　　　T_g ——火孔前燃气温度,K;

　　　Δh ——炉膛压力,Pa,当炉膛为负压时,Δh 取负值。

为了保证火孔的热强度 q_p,即保证火孔出口速度 v_p,燃气压力 H 必须等于头部所需的压力 h。如果 $H > h$,可用阀门或节流圈减压。

(9)布置火孔和绘制燃烧器简图

2)鼓风扩散式燃烧器

(1)鼓风扩散式燃烧器的构造及工作原理

在鼓风式燃烧器中,燃气燃烧所需要的全部空气均由鼓风机在燃烧过程中供给。

鼓风式燃烧器的燃烧强度与火焰长度均由燃气与空气的混合状况决定。为了强化燃烧过程和缩短火焰长度,常采用各种措施来加速燃气与空气的混合,例如,将燃气分成很多细小流束射入空气流中,或采用空气旋流等。根据强化混合过程所采取的措施,鼓风式燃烧器有各种形式。图7.4和图7.5所示分别是中心供(燃)气蜗壳式旋流燃烧器和边缘供(燃)气蜗壳式旋流燃烧器。

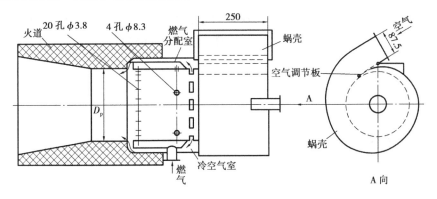

图7.4　边缘蜗壳式旋流燃烧器

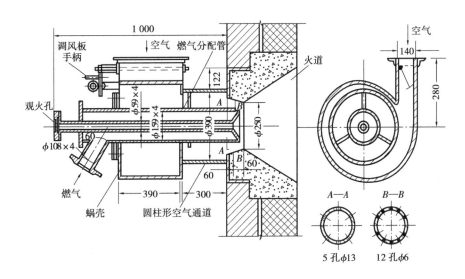

图7.5　中心供气蜗壳式旋流燃烧器

(2)鼓风扩散式燃烧器的特点及应用范围

与自然引风扩散式燃烧器相比,鼓风式燃烧器通过鼓风机强制旋流送风强化了气流混合,燃烧热强度大,火焰长短可调节。与热负荷相同的引射式燃烧器相比,其结构紧凑,体形轻巧,占地面积小。特别是当热负荷较大时,此优点更为突出。另外,鼓风式燃烧器要求燃气压力低,热负荷调节范围大,能适应正压炉膛,容易实现粉煤—燃气或油—燃气联合燃烧。还可以采用预热空气或燃气,预热温度甚至可接近燃气着火温度,因此可以极大地提高燃烧温度,这对高温工业炉来说是很必要的。

鼓风式燃烧器需要鼓风机送风,耗费电能;与完全预混燃烧器相比,它的燃烧室容积热强度较小,火焰也较长,因此需要较大的燃烧室容积。另外,鼓风式燃烧器本身不具备燃气与空气成比例变化的自动调节特性,需要另外配置比例调节装置来控制送风量的大小来实现燃烧负荷的调节。

主要用于各种锅炉及工业炉中。

 **应用举例**

目前,燃气锅炉所配备的燃烧机大多采用鼓风燃烧的方式,它通常集合了送风设备、调节控制机构和燃烧器,其自动化程度较高,多为进口产品。

7.3

大气(部分预混)式燃烧器

按照部分预混燃烧方法设计的燃烧器称为大气式燃烧器。考虑燃烧的稳定和黄焰的问题,其一次空气系数 α' 通常为 $0.45 \sim 0.75$。根据燃气压力的不同,大气式燃烧器分为低压引射式与高(中)压引射式两种。前者多用于民用燃具,后者多用于工业装置。

1)大气式燃烧器的构造及工作原理

大气式燃烧器通常由引射器及头部两部分组成,其基本结构如图7.6所示。

(1)引射器

①引射器的结构:

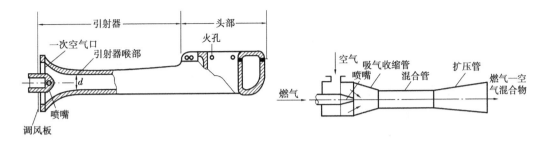

图7.6 大气式燃烧器示意图   图7.7 引射器示意图

图7.7所示为引射器,由喷嘴、吸气收缩管、混合管和扩压管四部分组成。燃气在一定压力下,从喷嘴高速喷出,进入吸气收缩管,通过动量交换将临近空气一起吸入,形成燃烧所需的一次空气。在引射器的混合管内燃气和一次空气混合,然后,经头部火孔流出进行燃烧。如果燃气压力不足,所引射的空气量不能满足需要,也可利用加压空气(如用鼓风机或压缩空气)引射燃气来完成燃烧前的预混。

引射器的作用主要有以下三个方面:一是以高能量的气体引射低能量的气体,并使两者混合均匀。在大气式燃烧器中通常是以燃气从大气中引射空气;二是在引射器末端形成所需的剩余压力,用来克服气流在燃烧器头部逸出的阻力损失,使燃气—空气混合物在火孔出口处获得必要的速度,以保证燃烧器的加热负荷和火焰的稳定。三是输送一定的燃气量,以保证燃烧器所需的热负荷。

②引射器的工作原理:

常压吸气低压引射器的工作原理如图7.8所示。

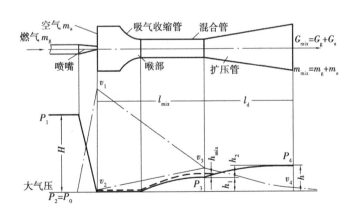

图7.8 常用吸气低压引射器的工作原理

压力为 P_1、质量流量为 m_g 的燃气通过喷嘴,压力由 P_1 降至 P_2,而流速则升高到 v_1。高速燃气具有很大的动能,由于气流的动量交换,便将质量流量为 m_a 的一次空气以 v_2 的速度吸进引射器。动量交换的结果是燃气流速降低,空气流速增高;同时,在吸入段,燃气的静压降至与空气压力相等,并等于大气压力,即 $P_2 = P_0 = $ 常数。

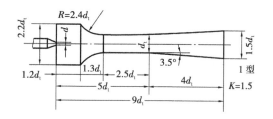

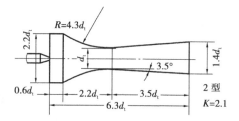

气流经喉部进入混合管时,速度分布非常不均匀,在流动过程中燃气动压头进一步减小,其中一部分传给空气使空气动压增大,一部分用来克服流动中的阻力损失,另一部分则转化为静压力。经过混合管内的充分混合,在混合管出口速度场呈均匀分布,燃气—空气混合物的速度达到 v_3,静压力从 P_2 升高到 P_3。

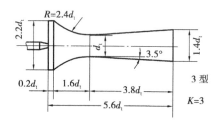

图 7.9　常用的三种常压引射器

在扩压管内,混合气体的动压进一步转化为静压,速度从 v_3 降至 v_4,压力从 P_3 升至 P_4。在扩压管出口,混合气体总的静压力为 h。该静压力即为头部所需的静压力。

③引射器的形式:

常用的三种引射器的形状及尺寸比例如图 7.9 所示。其中 1 型引射器能量损失系数 K 值最小,但引射器最长。2 型和 3 型引射器阻力较大,但长度较短。当喷嘴前燃气压力较高,允许有较大的能量损失时,可采用后两种形式。

④常压吸气低压引射器的基本方程:引射器计算的基础是动量定理、连续性方程及能量守恒定律。

a. 喷嘴方程:

$$H\mu^2 = \frac{v_1^2}{2}\rho_g \qquad (7\text{-}6)$$

式中　　H ——喷嘴前燃气压力,Pa;

　　　　μ ——喷嘴流量系数;

v_1 ——喷嘴出口的燃气速度，m/s；

ρ_g ——燃气密度，kg/m^3。

b.引射器特性方程式：

$$\frac{h}{H} = \frac{2\mu^2}{F} - \frac{K\mu^2(1+u)(1+us)}{F^2} \tag{7-7}$$

式中　　h ——引射器出口的静压力，Pa；

F ——无因次面积，为喉部和喷嘴出口的面积比，即 $F = \dfrac{F_t}{F_j}$，它是引射器计算的

基本参数；

u ——质量引射系数，$u = \dfrac{m_a}{m_g}$ 为燃气与引射空气的质量流量之比；

us ——容积引射系数，s 为燃气相对密度，$us = \dfrac{L_a}{L_g}$；

K ——能量损失系数。引射器形状、尺寸及阻力特性不同时，能量损失系数 K 值也不相同，参照图 7.8 选取。

根据节能要求，引射器应按最佳工况设计，即当 $F = F_{op}$ 时，对应于给定的引射系数 u，应获得最大的 $\dfrac{h}{H}$ 值。可以推导出，引射器最佳工况所对应的最佳无因次面积：

$$F_{op} = K(1+u)(1+us) \tag{7-8}$$

最大无因次压力

$$\left(\frac{h}{H}\right)_{max} = \frac{\mu^2}{F_{op}} \tag{7-9}$$

（2）头部

①燃烧器头部的形式：

燃烧器头部的作用是将燃气—空气混合物均匀地分布到各火孔上，并进行稳定和完全的燃烧。为此，要求头部各点混合气体的压力相等，二次空气能均匀地畅通到每个火孔上，这就要求头部需要具有一定的容积。但是，头部容积又不宜过大，否则会带来较大的灭火噪声。

根据用途不同，大气式燃烧器头部可做成多火孔形式和单火孔形式两种。民用燃具大多数使用多火孔头部。图 7.10 所示为铸铁锅炉上使用的典型的大气式燃烧器。

②燃烧器头部的基本方程：

为了保证达到选定的火孔出口气流速度和火孔热强度，燃气—空气混合物在头部必须具有一定的静压力。该静压力由引射器提供，用来克服混合物从头部逸出时的能

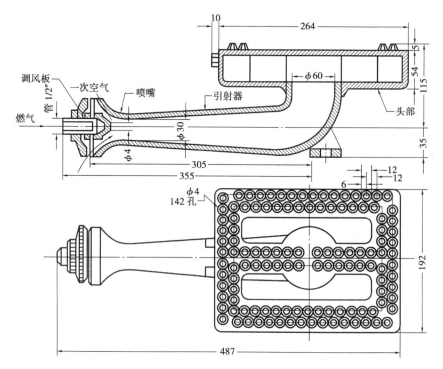

图 7.10 铸铁锅炉上使用的大气式燃烧器

量损失。

混合物从头部逸出时的能量损失由流动阻力损失、气流通过火孔被加热而产生气流加速的能量损失及火孔出口动压头损失三部分组成。头部必须具有的静压力,可以表示为:

$$h = \Delta p_1 + \Delta p_2 + \Delta p_3 = K_1 \frac{v_p^2}{2} \rho_{mix} \qquad (7\text{-}10)$$

式中 h ——头部必须具有的静压力(引射器出口的静压力),Pa;

Δp_1 ——流动阻力损失,Pa;

Δp_2 ——因气体膨胀而产生气流加速的能量损失,Pa;

Δp_3 ——火孔出口动压头损失,Pa;

K_1 ——燃烧器头部的能量损失系数;

$$K_1 = \zeta_p + 2 \times \left(\frac{273 + t}{273} \right) - 1 \qquad (7\text{-}11)$$

式中 ζ_p ——火孔阻力系数;

$$\zeta_p = \frac{1 - \mu_p^2}{\mu_p^2} \tag{7-12}$$

式中 μ_p ——火孔流量系数,按式(7-5)取用;

v_p ——火孔出口气流速度,m/s。

(3)低压引射大气式燃烧器的基本方程

结合喷嘴方程及头部特性方程可以得到低压引射式大气燃烧器的特性方程:

$$\frac{h}{H} = \mu^2 K_1 \frac{(1 + u)(1 + us) F_1^2}{F^2} \tag{7-13}$$

由引射器的特性方程及低压引射式大气燃烧器的特性方程可得:

$$(1 + u)(1 + us) = \frac{2F}{K + K_1 F_1^2} \tag{7-14}$$

从式(7-14)可以看出燃烧器的引射能力只与燃烧器的结构有关,而与燃烧器的工作状况无关,即引射系数不随燃烧器热负荷的变化而变化。这一特性称为引射式燃烧器的自动调节特性。式(7-14)是低压引射式大气燃烧器的基本计算公式。

燃烧器的最佳工况相应于引射器的最佳工况,将式(7-8)代入式(7-14)可得最佳燃烧器参数:

$$F_{1op} = \sqrt{\frac{K}{K_1}} \tag{7-15}$$

将式(7-8)、式(7-15)代入式(7-14)并令

$$X = \frac{F_1}{F_{1op}} \tag{7-16}$$

$$A = \frac{K_1 (1 + u)(1 + us) F_j F_{1op}}{F_p} \tag{7-17}$$

或

$$A = \frac{K (1 + u)(1 + us) F_j}{F_p F_{1op}} \tag{7-18}$$

可得

$$A\chi^2 - 2\chi + A = 0 \tag{7-19}$$

$$\chi = \frac{1 - \sqrt{1 - A^2}}{A} \tag{7-20}$$

式(7-20)是燃烧器计算的一个判别式。

如果 $A = 1$,则 $\chi = 1$,即 $F_1 = F_{op}$,表明燃烧器计算工况与最佳工况一致。

如果 $A > 1$,则 χ 无实数解,表明燃烧器不能保证所要求的引射能力。

如果 $A<1$,则表明燃烧器有多余的燃气压力。为了缩小燃烧器尺寸,可以非最佳工况作为计算工况或采用图中长度较短的引射器。

2)大气式燃烧器的特点及应用范围

大气式燃烧器比自然引风扩散式燃烧器火焰短、火力强、燃烧温度高,可以燃烧各种性质的燃气(含可燃用低压燃气),燃烧效率比较高,由于空气依靠燃气引射吸入,所以不需要送风设备;与鼓风扩散式燃烧器相比,节省动力,调节方便,并且引射式燃烧器具有自动调节特性,当燃烧器热负荷在一定范围变动时,一次空气系数能自行稳定在设计值;与完全预混燃烧器相比,大气式燃烧器热负荷调节范围宽,适应性强,可以满足较多工艺的需要。

大气式燃烧器的火焰稳定性不及扩散式燃烧器,且不适应正压炉膛;由于只预混了燃烧所需的部分空气,而不是全部空气,故火孔热强度、燃烧温度虽比自然引风扩散式燃烧器高,但仍受限制,仍不能满足某些工艺的要求;当热负荷较大时,多火孔燃烧器的结构比较笨重。

多火孔大气式燃烧器应用非常广泛,家庭及公用事业中的燃气用具如家用燃气灶、热水器、沸水器及食堂灶上用得最多,在小型锅炉及工业炉上也有应用。单火孔大气式燃烧器在中小型锅炉及某些工业炉上也广泛应用。

3)大气式燃烧器的设计计算

大气式燃烧器的设计计算,包括头部计算和引射器计算。

(1)头部计算

头部的设计计算以保证稳定燃烧为原则。一个设计合理的头部,必须保证火焰不出现离焰、回火和黄焰等现象,并使火焰特性满足加热工艺的需要。计算内容及步骤如下:

(2)选取火孔热强度 q_p 或火孔出口速度 v_p,确定燃烧火孔总面积 F_p

火孔的燃烧能力通常可由火孔热强度 q_p 或燃气—空气混合物离开火孔的速度 v_p 来表示。在设计燃烧器头部时,正确选择火孔的燃烧能力是很重要的。为了保证燃烧工

表7.2 大气式燃烧器常用设计参数

燃 气 种 类		炼焦煤气	天然气	液化石油气
火孔尺寸/mm	圆孔 d_p	2.5~3.0	2.9~3.2	2.9~3.2
	方孔	2.1×1.2	2.0×3.0	2.0×3.0
		1.5×5.0	2.4×1.6	2.4×1.6
火孔中心距 s/mm			$(2~3)d_p$	
火孔深度 h/mm			$(2~3)d_p$	
额定火孔热强度 q_p/(MW·mm^{-2})		11.6~19.8	5.8~8.7	7.0~9.3
额定火孔出口流速 v_p/(m·s^{-1})		2.0~3.5	1.0~1.3	1.2~1.5
一次空气系数 α		0.55~0.60	0.60~0.65	0.60~0.65
喉部直径与喷嘴直径比 d_t/d		5~6	9~10	15~16
火孔面积与喷嘴面积比 F_p/F_j		44~50	240~320	500~600

况的稳定,通常是根据燃烧稳定范围曲线(也可参照表7.2),在离焰和回火曲线所确定的参数范围内,选取合适的 q_p 或 v_p 值。二者之间有如下关系:

$$q_p = \frac{H_1 v_p}{(1 + \alpha' V_0)} \times 10^{-6} \quad (7\text{-}21)$$

式中　q_p——火孔热强度,kW/mm^2;

　　　H_1——燃气低热值,kJ/m^3;

　　　α'——一次空气系数;

　　　V_0——理论空气需要量,m^3/m^3;

　　　v_p——火孔出口气流速度,m/s。

(3)确定燃烧火孔总面积 F_p

根据所选的 q_p 或 v_p,可以确定燃烧火孔总面积。

$$F_p = \frac{Q(1 + \alpha' V_0)}{H_1 v_p} \quad (7\text{-}22)$$

式中　F_p——火孔总面积,mm^2;

　　　Q——燃烧器热负荷,kW。

或

$$F_p = \frac{Q}{q_p} \quad (7\text{-}23)$$

（4）确定火孔尺寸与数目

在热负荷一定的情况下，火孔尺寸的大小，会影响到火孔热强度 q_p 或火孔出口速度 v_p 的值，从而影响燃烧的稳定性。根据火焰传播及燃烧稳定理论可知，火孔尺寸越大、火焰传播速度越快，越容易回火；火孔尺寸越小、火焰传播速度越慢，越容易脱火。

根据燃气性质的不同，可由表 7.2 查得相应的火孔尺寸范围，进行选取。

根据火孔总面积 F_p 及选定的火孔尺寸，可以确定火孔数目。然后根据表 7.2 可以确定孔深及火孔排列。

（5）头部截面积计算

为了使气流均匀分布到每个火孔上，保证各火孔的火焰高度一致，要求头部截面积和容积大一些。但是，如果头部容积过大，开始点火时头部会积存大量空气，灭火时头部会积存大量燃气—空气混合物，从而容易产生点火和灭火时的回火噪声。通常取头部截面积为火孔总面积的两倍以上。当头部较长时，为了减小头部容积，头部截面沿气流方向可做成渐缩形，并保证任一点的截面积为该点以后火孔总面积的两倍以上。

（6）一次空气口面积

一般可取
$$F' = (1.5 \sim 2.0)F_p \tag{7-24}$$

（7）二次空气口面积

设计燃烧器头部时，必须保证有足够的二次空气供应到火焰根部。二次空气不足将出现不完全燃烧，而过多又会降低燃烧效率，气流过大会吹熄或吹斜火焰。

敞开燃烧的大气式燃烧器的二次空气截面积按下式计算：
$$F'' = (550 \sim 750)Q \tag{7-25}$$
式中　F''——二次空气口的截面积，mm^2。

（8）火焰高度计算

火焰内锥与冷表面接触时，由于焰面温度突然下降，燃烧反应中断，便会形成化学不完全燃烧，烟气中将出现烟炱和一氧化碳。这对于民用燃具是不允许的。在设计燃烧器头部时，计算火焰高度是很重要的。

内焰高度
$$h_{ic} = 0.86K f_p q_p \times 10^3 \tag{7-26}$$
式中　h_{ic}——火焰的内锥高度，mm；

　　　f_p——一个火孔的面积，mm^2；

　　　K——与燃气性质及一次空气系数有关的系数（参见表 7.3）。

表7.3　各种燃气的 K 值

燃气种类	一次空气系数 α'									
	0.1	0.2	0.3	0.4	0.5	0.6	0.7	0.8	0.9	0.95
丁　　烷	—	—	—	0.28	0.23	0.19	0.16	0.13	0.11	—
天 然 气	—	0.26	0.22	0.18	0.16	0.15	0.13	0.10	0.08	—
炼焦煤气	0.23	0.19	0.16	0.12	0.09	0.07	0.06	0.06	0.07	0.08

外焰高度
$$h_{oc} = 0.86 n n_1 \frac{s f_p q_p}{\sqrt{d_p}} \times 10^3 \qquad (7\text{-}27)$$

式中　h_{oc} ——火焰外锥高度,mm;

　　　n ——火孔排数;

　　　n_1 ——表示燃气性质对外锥高度影响的系数:对天然气,$n_1 = 0.5$;对丁烷,

　　　　　　$n_1 = 1.08$;对炼焦煤气,$d_p = 2$ mm,$n_1 = 0.5$;$d_p = 3$ mm,$n_1 = 0.6$;d_p

　　　　　　$= 4$ mm,$n_1 = 0.77 \sim 0.78$(热强度较大时取较大值);

　　　s ——表示火孔净距对外锥高度影响的系数(参见表7.4)。

表7.4　系数 S 的值

火孔净距 /mm	2	4	6	8	10	12	14	16	18	20	22	24
s	1.47	1.22	1.04	0.91	0.86	0.83	0.79	0.77	0.75	0.74	0.74	0.74

4)引射器计算

(1)燃气流量计算

$$L_g = \frac{3\,600\,Q}{H_1} \qquad (7\text{-}28)$$

式中　L_g ——燃气流量,m³/h。

(2)喷嘴计算

喷嘴直径
$$d = \sqrt{\frac{L_g}{0.003\,5\mu}} \sqrt[4]{\frac{s}{H}} \qquad (7\text{-}29)$$

式中　d ——喷嘴直径;

　　　μ ——喷嘴流量系数;

s ——燃气的相对密度,

$$s = \frac{\rho_g}{\rho_a} \tag{7-30}$$

H ——喷嘴前燃气压力,Pa。

喷嘴截面积

$$F_j = \frac{\pi}{4}d^2 \tag{7-31}$$

(3)计算引射系数

质量引射系数

$$u = \frac{m_a}{m_g} = \frac{\alpha' V_o \rho_a}{\rho_g} = \frac{\alpha' V_o}{s} \tag{7-32}$$

式中　u ——质量引射系数。

容积引射系数

$$us = \frac{L_a}{L_g} \tag{7-33}$$

式中　us ——容积引射系数。

(4)选取引射器形式

根据图 7.9 选取一种引射器形式,确定能量损失系数 K。

(5)按式(7-15)计算最佳燃烧器参数

(6)按式(7-17)式(7-18)计算 A 值

(7)按式(7-20)计算 X 值

(8)按式(7-16)计算引射器喉部面积及喉部直径

(9)根据图 7.9,按照所选引射器类型确定引射器其他部位尺寸

(10)绘制燃烧器结构图

7.4
无焰(完全预混)式燃烧器

按照完全预混燃烧方法设计的燃烧器称为完全预混式燃烧器。它是在部分预混式燃烧的基础上发展起来的。在燃烧之前,供给完成燃烧所需的全部空气(即 $\alpha' \geq 1$),并

使燃气与空气充分混合,再经燃烧器火孔喷出进行燃烧。由于预先已混合均匀,所以完全预混式燃烧能在较小的过剩空气系数下($\alpha = 1.05 \sim 1.10$)实现完全燃烧,可以获得较高的燃烧温度。

1)完全预混式燃烧器的构造及工作原理

(1)完全预混式燃烧器的构造

完全预混式燃烧器由混合装置及头部两部分组成。根据燃烧器头部结构的不同,完全预混式燃烧器可分三种:有火道的头部结构;无火道的头部结构;用金属网或陶瓷板做成的头部结构。

完全预混式燃烧火焰传播速度很快,火焰稳定性较差,很容易发生回火。为了防止回火,必须尽可能使气流的速度场均匀,以保证在最低负荷下各点的气流速度都大于火焰传播速度。采用小火孔,增大火孔壁对火焰的散热,从而降低火焰传播速度,是防止回火发生的有效措施。小火孔燃烧器在热负荷不是很大的民用燃具上有着广泛的应用。图 7.11 所示即为一典型的小火孔板式完全预混燃烧器。但对于热强度很大的工业燃烧器,大量的小火孔会大大地增加燃烧器头部尺寸,就变得不合适了。通常采用冷却燃烧器头部的方式来加强对火焰根部的散热,从而降低火焰传播速度,如图 7.12 所示。

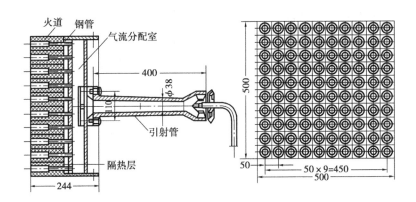

图 7.11 板式完全预混式燃烧器

完全预混式燃烧,由于在燃前预混了大量空气,使预混气流出口速度大大提高。例如,甲烷燃烧的理论空气需要量为 10 m^3。按照完全预混的燃烧方式,预混气的流量就增大为燃气流量的十余倍。当负荷较大时,也有出现脱火的可能。工业应用的完全预

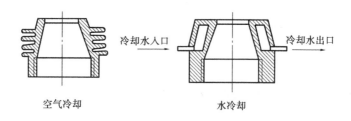

图 7.12　圆锥形喷头

混式燃烧器,常常通过一个紧接的火道来稳焰,如图 7.13 所示。

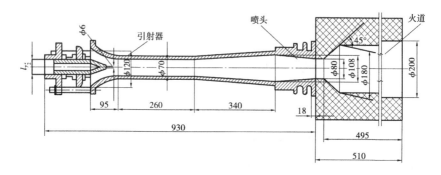

图 7.13　引射式单火道无焰燃烧器

　　火道由耐火材料做成,近似于一个绝热的燃烧室,可燃气体在此燃烧可以达到很高的燃烧温度。混合均匀的燃气—空气混合物经火孔进入火道时,由于流通截面突然扩大,在火道入口处会形成高温烟气回流区。回流烟气将预混气加热,也同炽热的火道壁面一起构成了稳定的点火源,对流过的气体进行持续点火,这起到了很好的稳焰作用。

　　采用钝体稳焰也是常用的防脱火的措施。将图 7.14 所示的非流线型的钝体置于靠近气流出口处,由热的烟气冲刷形成炽热的点火源,实现对预混气的持续点火。

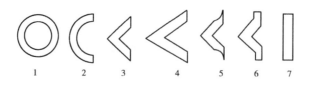

图 7.14　各种形状的钝体稳焰器

（2）负压吸气引射器的形状及工作原理

全预混燃烧需要引射大量空气，为了提高引射能力，常采用高压引射器。高压引射器多数属于负压吸气的引射器，工作原理如图7.15所示。

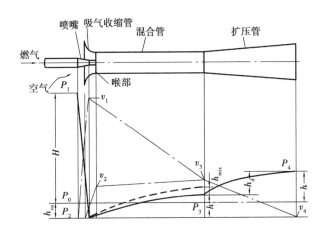

图7.15 高压引射器的工作原理

负压吸气高压引射器与常压吸气低压引射器不同之处在于：前者的吸气收缩管较小，被吸入的空气流速 v_2 比较大，故其动量不能忽略。由于空气流速比较大，在吸入段产生了阻力损失 h_{en}，因而吸入段的压力不能维持常数且等于大气压力，而是低于大气压力。这类引射器与常压引射器相比，由于空气流速与燃气流速相差较少，因此减少了在混合管内的气流撞击损失，有利于引射效率的提高。但其吸气收缩管的形状要有利于空气的吸入，在此不应产生过多的附加压力损失，否则将降低引射效率。

在高压引射器中，喷嘴前后燃气的压力变化较大，因此燃气从喷嘴流出时必须考虑其可压缩性。燃气、空气及其可燃混合物在混合管内的压力变化不大，可不考虑气体的可压缩性。燃气流出喷嘴后，由于气体膨胀，温度便降低。但这一变化对可燃混合物密度的影响可以忽略不计。

负压吸气引射器吸入段形状不合理时，将使其阻力损失增大，使得负压吸气引射器效率不如常压吸气引射器。所以，吸入段的设计要十分谨慎。为了使空气平稳地进入吸气段，并且具有均匀的速度场，引射器的形状应如图7.16所示。

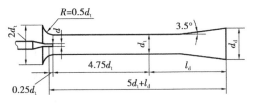

图7.16 负压吸气引射器

（3）负压吸气高压引射器的基本方程

负压吸气高压引射器的计算公式与常压吸气低压引射的计算公式虽有不同，但推导过程极为相似。负压吸气高压引射器特性方程

$$\frac{h}{\varepsilon_H H} = \frac{2\mu^2}{\varepsilon_F F} - \frac{\mu^2 K}{(\varepsilon_F F)^2}(1 + u)(1 + us)\chi'' \tag{7-34}$$

其中

$$\chi'' = 1 - \frac{K_2}{K}B \tag{7-35}$$

$$B = \frac{u^2 s}{(1 + u)(1 + us)} \tag{7-36}$$

$$K_2 = \frac{2^2\mu_{en} - 1}{\mu_{en}^2} \tag{7-37}$$

式中　h ——引射器出口的静压力，Pa；

　　　ε_H ——考虑燃气可压缩性而引入的校正系数；

　　　H ——喷嘴前燃气压力，Pa；

　　　μ ——喷嘴流量系数；

　　　F ——无因次面积，为喉部和喷嘴出口的面积比，即 $F = \dfrac{F_t}{F_j}$，它是引射器计算的

　　　　基本参数；

　　　u ——质量引射系数，为燃气与引射空气的质量流量之比，即 $u = \dfrac{m_a}{m_g}$；

　　　us ——容积引射系数，s 为燃气相对密度，$us = \dfrac{L_a}{L_g}$；

　　　K ——能量损失系数。引射器形状、尺寸及阻力特性不同时，能量损失系数 K 值

也不相同，参照图 7.17 选取。

高压引射器的最佳无因次面积

$$(\varepsilon_F F)_{op} = K(1 + u)(1 + us)\chi'' \tag{7-38}$$

高压引射器的最佳无因次压头

$$\left(\frac{h}{\varepsilon_H H}\right)_{op} = \frac{\mu^2}{(\varepsilon_F F)_{op}} \tag{7-39}$$

如果燃气压力小于 20 kPa，则压缩系数可忽略不计。

类似于低压引射式大气燃烧器，可得到：

$$(1 + u)(1 + us) = \frac{2F}{K + K_1 F_1^2} \cdot \frac{\varepsilon_F \chi''}{\chi'} \tag{7-40}$$

其中
$$\chi' = 1 - \frac{K_2}{K + K_1 F_1^2} B \tag{7-41}$$

$$\chi'' = 1 - \frac{\varepsilon_F F h_{ba}}{2\mu^2 \varepsilon_H H} \tag{7-42}$$

由式(7-42)可知,χ''决定于燃烧室的背压,负背压有利于空气的吸入,正背压不利于空气的吸入。燃烧室背压较小时,$\chi' = 1$。

由式(7-40)可知,燃烧器的引射能力u不仅与燃烧器的几何尺寸有关,还受工况ε_F背压χ''及能量损失系数K和K_1的影响。

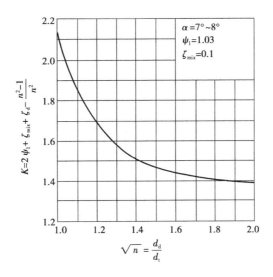

图7.17 能量损失系数K

从上述分析可知,严格地说高压引射器是没有自动调节特性的。引射能力在下列条件下要发生变化:当K_1、K和K_2随燃烧器工况改变时;当燃烧室与空气吸入口之间存在压力差时;当燃气在高(中)压下工作时;当燃气和空气预热温度发生变化而引起相对密度发生变化时;当燃气成分发生变化时。尽管如此,在一定的负荷变化范围内,在工程实际上仍可近似认为引射式燃烧器具有自动调节特性。

类似于低压引射式大气燃烧器,根据燃烧器最佳工况与引射器最佳工况的一致性,并忽略背压的影响($\chi'' = 1$),可以得到:

$$F_{1op} = \sqrt{\frac{K}{K_1}}\sqrt{\chi''} \tag{7-43}$$

将式(7-38)、式(7-43)代入式(7-40)并令

$$\chi = \frac{F_1}{F_{1op}} \quad\quad\quad (7\text{-}44)$$

$$A_1 = \frac{K_1(1+u)(1+us)F_j F_{1op}}{F_p} \cdot \frac{1}{\varepsilon_F} \quad\quad\quad (7\text{-}45)$$

或

$$A_1 = \frac{K(1+u)(1+us)F_j}{F_p F_{1op}} \cdot \frac{1}{\varepsilon_F} \quad\quad\quad (7\text{-}46)$$

可得

$$A_1\chi^2 - 2\chi + A_1 = 0 \quad\quad\quad (7\text{-}47)$$

$$\chi = \frac{1 - \sqrt{1 - A_1^2}}{A_1} \quad\quad\quad (7\text{-}48)$$

式(7-48)是高压引射式燃烧器计算的判别式,它与低压引射式燃烧器判别式的不同在于 A_1 值随燃气压力 H 而变化。

如果 $A = 1$,则 $\chi = 1$,即 $F_1 = F_{op}$,表明燃烧器计算工况与最佳工况一致。

如果 $A > 1$,则 χ 无实数解,表明燃烧器不能保证所要求的引射能力。

如果 $A < 1$,则表明燃烧器有多余的燃气压力。为了缩小燃烧器尺寸,可以非最佳工况作为计算工况或采用图中长度较短的引射器。

2) 完全预混式燃烧器的特点及应用范围

完全预混式燃烧器火焰短、燃烧热强度大,因而可缩小燃烧室体积。燃烧温度高,容易满足高温工艺的要求。过剩空气少($\alpha = 1.05 \sim 1.10$),用于工业炉直接加热工件,不会引起工件过分氧化。设有火道,容易燃烧低热值燃气。完全预混式燃烧器燃烧完全,化学不完全燃烧较少,节约能源。另外,可以采用引射器引射空气,不需鼓风,节省动力。

完全预混式燃烧器火焰稳定性较差,尤其是发生回火的可能性大,因此负荷调节范围较小。为保证燃烧稳定,要求燃气热值及密度要稳定。为防止回火,头部结构比较复杂和笨重。由于燃气与空气完全预混,火孔出口流量明显增大,因而噪声大,特别是高负荷时更是如此。

主要应用于工业加热装置上。

3) 完全预混式燃烧器的设计计算

完全预混式燃烧器的设计计算也是包括头部与引射器两部分,计算方法与大气式燃烧器类似。

7.5
高效环保燃烧器

无论是工业企业产品生产过程中的加热,还是民用炊事及热水供应等方面的都对燃烧器的设计提出了独特而具体的要求。其中,如何高效节能,降低用能成本是各方面最为关注的问题;如何在高效燃烧的基础上同时能够降低对环境的影响则是很重要的社会问题。因应不同的应用领域及具体的加热对象进行设计,同时考虑污染减排的措施,大量的高效环保燃烧器不断面世。其中包括旋流燃烧器、浸没燃烧器、全预混辐射燃烧器、分段燃烧器、烟气循环型燃烧器、浓淡对冲燃烧器、高速燃烧器、富氧燃烧器、催化燃烧器、脉冲燃烧器等,在不同的应用领域都取得了很好的高效燃烧、节能减排的效果。

实现高效燃烧的常用技术措施主要包括:通过旋流强化燃气与空气的混合过程来强化燃烧;通过燃前燃气与空气的充分预混强化燃烧;通过燃前预热空气或燃气强化燃烧。

燃烧产生的污染气体主要是 CO 和 NO_x,其中 CO 的排放控制实现起来较容易,降低污染排放方面考虑较多的是如何结合生成特性控制 NO_x 的减排。

以下结合高效节能与环保两个方面来介绍比较典型的旋流燃烧器、全预混辐射燃烧器、烟气循环型燃烧器和分段燃烧型燃烧器。

1)旋流燃烧器

旋流燃烧技术是在常规燃烧的基础上发展起来的,在工程燃烧中应用已经相当普遍,成为最基本与最常用的强化燃烧措施。

在气体从喷口喷出之前,使其产生旋转运动,因此从喷口流出的气体除了有轴向和径向分速度外,还具有切向分速度。旋转运动导致径向和轴向压力梯度的产生,它们反过来又影响流场。在旋转强烈时,轴向反压力可以达到相当大的程度,甚至沿轴向发生反向流动,产生内部回流区。图 7.18 为旋转流场的示意图。

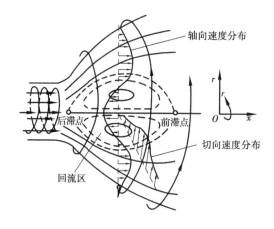

图 7.18　旋转流场示意图

与非旋流相比,旋流燃烧具有如下基本特征:

①旋流可以大大提高火焰传播速度,从而强化燃烧过程;

②由于火焰传播速度的提高,同负荷下,火焰长度大大减小;

③射流中心回流区的存在,使热的烟气回流火焰根部,提高了火焰的稳定性。

产生旋流的常见方法主要有两种:一是使气流沿切向进入主通道;一是在轴向管道中设置导流叶片,使气流旋转。图 7.19 所示为常见的旋流构件:轴向导流叶栅式旋流器和叶栅式旋流器实物。图 7.20 为切向进空气,通过蜗壳结构形成旋流的中心供(燃)气蜗壳式旋流燃烧器结构图。图 7.21 所示为采用条缝喷孔形成旋流火焰的燃烧机实物图。

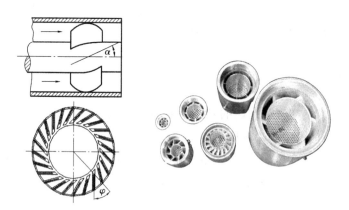

图 7.19　旋流器

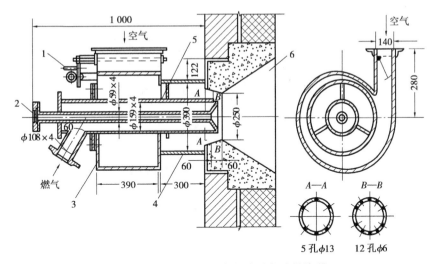

图 7.20　中心供(燃)气蜗壳式旋流燃烧器

1—调风板手柄;2—观火孔;3—蜗壳;

4—圆柱形空气通道;5—燃气分配管;6—火道

图 7.21　旋流燃烧机实物图

　　强旋流的离心力借助于扩张形火道具有附壁流动的特性可以形成平展的气流。燃气在平展气流中燃烧可以得到与常规的直锥形火焰完全不同的圆盘形的薄层火焰。这种类型的旋流燃烧装置又称为平焰燃烧器,可以满足平面加热的要求。图 7.22 为一种旋流型平焰燃烧器,适用于天然气、其压力为 20 kPa,热负荷调节比可达 1∶4,过剩空气系数为 0.7~2.0,平焰砖上设喇叭形火道。燃烧器尺寸见表 7.5。

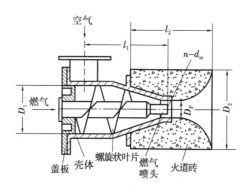

图 7.22　螺旋状长叶片式平焰燃烧器

表 7.5　螺旋状长叶式平焰燃烧器尺寸

热负荷/kW		49.428	98.855	197.710	395.420	790.840	1 235.106	1 584.680
天然气流量/$(m^3 \cdot h^{-1})$		5	10	20	40	80	125	160
尺寸/mm	d_m	1.5	2.0	2.7	3.8	5.4	4.8	5.4
	n(个)	6	6	6	6	6	12	12
	D_1	85	116	170	220	280	350	400
	D_p	25	35	50	75	105	140	165
	D_2	145	195	260	315	405	470	535
	L_1	175	220	325	375	440	550	625
	L_2	95	110	125	205	240	255	280
质量/kg		35	53	135	184	375	560	622

2)红外辐射燃烧器

图 7.23　燃气红外辐射燃烧器

红外辐射作为一种主要传热方式的燃气燃烧器称为燃气红外辐射燃烧器。燃气红外辐射燃烧器通常采用完全预混的燃烧方式。为了防止燃烧过程中回火现象,其燃烧表面一般采用微孔结构的介质,常用的材料有多孔陶瓷板、金属网和金属纤维。图 7.23 所示为一种陶瓷板式燃气红外辐射燃烧器实物图。

常见的陶瓷板和金属网燃气红外辐射燃烧器表面热强度一般为 $0.15 \sim 0.19$ W/mm^2，表面温度 $850 \sim 900$ ℃，辐射波长以 $2 \sim 6$ μm 为主。由于燃烧器表面热强度低，燃烧表面温度较低，总热量的 50% 左右以辐射方式快速散失，避免了火焰下游高温区的存在。这种燃烧方式非常有利于抑制 NO$_x$ 的生成，是一种低污染的燃烧方式。

3）烟气循环型燃烧器

如图 7.24 所示，利用燃气和空气的喷射所形成的负压将炉内烟气吸入，使烟气在炉膛内部进行循环。热烟气的回流不仅可以持续加热火焰根部稳定燃烧，还由于烟气的混入，降低了燃烧过程中氧气的浓度，从而可以抑制 NO$_x$ 的生成。

这种类型燃烧器结构简单，适合于中小型燃烧设备。使用该种燃烧器 NO$_x$ 排放可以降低约 $25\% \sim 45\%$。

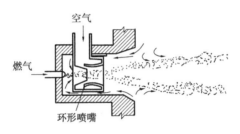

图 7.24　烟气自身再循环型低 NO$_x$ 燃烧器

4）分段燃烧型燃烧器

根据 NO$_x$ 的生成特性：在与燃气的混合气体中，氧气的浓度处于化学计量比附近时最易生成 NO$_x$；而偏离该值，无论氧气浓度增大还是减小，NO$_x$ 的生成量都呈现快速下降的趋势。因此，将正常配比原本通过一次混合实现燃烧的燃气与空气分两次混合燃烧，使氧气浓度在每次混合中都远离化学计量比。这样，两次燃烧过程产生的 NO$_x$ 都远离峰值，总体实现完全燃烧的过程中可以使 NO$_x$ 的生成量大大减少。

图 7.25 所示为空气两段供给的分段燃烧示意图，图 7.26 是采用这种燃烧方式的燃烧器，其燃气与一次空气混合进行的一次燃烧是在 $\alpha < 1$ 下进行的。由于空气不足，燃料过浓，燃烧过程所释放的热量不充分，因此燃烧温度低；一次燃烧空气不足，燃烧过程中氧的浓度也低，所以 NO$_x$ 生成受到抑制。一次燃烧完成后，尚未燃尽的燃气与烟气的混合物再与二次空气混合，进行二次燃烧，使燃料达到完全燃烧。二次燃烧时，由于一次燃烧产生的烟气的存在，使得二次燃烧过程的氧浓度与燃烧温度都低，所以也抑制

了 NO_x 生成。研究表明,通过合理地选取两次送风的比例,使用该种燃烧器可以降低90%以上的 NO_x 排放。

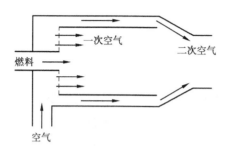

图 7.25　空气两段供给的分段燃烧示意图

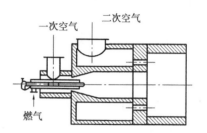

图 7.26　空气两段供给型燃烧器

 学习鉴定

1.填空题

(1)火孔热强度是燃烧器的重要参数,它定义为_____。

(2)低压燃烧器是指燃气压力在_____Pa 以下的燃烧器。

2.问答题

请分析完全预混式燃烧器的燃烧稳定性,并说明可以采用什么样的方式稳定火焰。

参考答案

1 燃气燃烧的基本概念

1. 填空题

题 号	答 案
(1)	华白数,燃烧势
(2)	热负荷指数
(3)	5%~15%
(4)	过剩空气系数

2. 问答题

(1)过剩空气系数定义为:实际供给的空气量 V 与理论空气需要量 V_0 之比。

根据燃气与空气的混合程度的不同,燃烧工况分以下4种:①过剩空气系数为1时的完全燃烧工况;②过剩空气系数大于1时的完全燃烧工况;③过剩空气系数小于1,燃烧过程中,空气中的氧气被全部消耗掉的燃烧工况;④不完全燃烧工况。

(2)当燃气的比例大于爆炸上限时即混合气中燃气过多,由于助燃气体很少,只能使一小部分可燃气体燃烧产生热,而这些热量大都消耗在加热过剩燃气上,不可能使混合物温度上升到着火温度,不能产生燃烧。反之,燃烧产生的少量热量大部分用于消耗在加热助燃气体上,因此不能使混合物温度升到着火温度。

2 燃烧热力学

1. 填空题

题　号	答　案
（1）	化学能,热能
（2）	绝热火焰温度
（3）	298.15,1
（4）	等温等压

2. 计算题

根据反应方程式 $CH_4 + 2O_2 \Longrightarrow CO_2 + 2H_2O$,$CH_4$ 的燃烧反应热的计算如下:

$$\Delta h_c^\ominus = -1 \times (-74.85) - 2 \times 0.0 + 1 \times (-393.51) + 2 \times (-285.85) = -890.36 \text{ kJ/mol}$$

3 燃气燃烧反应动力学

1. 填空题

题　号	答　案
（1）	化学键,化学键
（2）	快

2. 问答题

电极的放电能量必须达到最小点火能,同时电极间的距离不宜过小。

4 燃烧的火焰传播

1. 问答题

(1)点火源放在静止可燃气体中,点火源邻近部分可燃气体受热发生燃烧反应形成球形火焰,同时,放出的燃烧热和生成自由基等活性中心向相邻可燃物扩散,导致相邻一层发生燃烧,形成新的火焰。新火焰再向邻近可燃物传播,再形成新的火焰。每个被点燃的一层成为下一层进行化学反应的热源。

(2)火焰传播效果体现为火焰传播速度,影响后者的因素包括:可燃气体的初温、压力、燃气浓度、热值、添加剂等因素。

(3)紊流火焰传播的火焰长度短,焰面皱曲,燃烧表面积大,燃烧强度得到强化。由于紊流扰动的增加,加快了已燃气和未燃气体的混合,也增加了热量和活性中心的传递速度,使反应加快,从而增大燃烧速度。

5 燃气燃烧方法

1. 填空题

题　号	答　案
(1)	化学动力学
(2)	燃气,燃烧产物
(3)	燃气气流速度
(4)	部分预混式燃烧
(5)	焰核,着火与燃烧区,燃尽区
(6)	稳焰

2. 画图题

参考图 5.7 天然气与空气的燃烧稳定范围。

3.简答题

(1)按照天然气与空气的混合程度来分类的。

扩散燃烧方法的优点是燃烧稳定,不易发生回火和脱火,且燃具结构简单。但其火焰较长、过量空气系数偏大,燃烧速度慢,易产生不完全燃烧,使受热面积炭。

部分预混式燃烧的优点是燃烧火焰清晰,燃烧过程较扩散式进一步强化,热效率高;但对一次空气的控制及燃烧组分要求较高,会出现燃烧不稳定的现象。

完全预混式燃烧的优点是燃烧温度很高、燃烧速度很快,但火焰的稳定性较差。

(2)在燃气和空气的一次混合物中,燃气溶度处于着火溶度范围。

(3)为防止脱火,最常用的方法是在燃烧气的出口处设置点火源。

(4)来自燃烧器的燃气-空气混合物进入火道,在火道中形成火焰。由于引射作用,在火焰的根部吸入炽热的烟气,形成高温燃烧产物回流区,使天然气与空气混合物得到预热以便增大火焰传播的速度,提高燃烧强度;同时炽热的耐火材料和涡流区的燃烧产物形成可靠的点火源,防止脱火,便于稳定燃烧。

6 燃烧与环境保护

1.填空题

题 号	答 案
(1)	烟气污染,噪声污染
(2)	大气温室效应
(3)	CO

2.问答题

(1)降低 CO 的排放应使 CO 完全氧化,即要有充足的氧气和停留时间;抑制 NO_x 排放主要从降低燃烧温度、降低烟气中剩余氧浓度和缩短烟气在高温区的停留时间入手。

(2)燃烧噪声的来源:燃烧反应引起局部地区物质成分波动,进而引发气流速度和压力的变化而产生噪声。均匀混合的层流火焰是无声的。燃烧噪声来源于气流的紊动和局部地区组分的不均匀。

控制噪声污染应该从噪声源、传声途径和影响对象,具体措施略。

7 燃气燃烧器

1.填空题

题 号	答 案
(1)	单位火孔面积的功率
(2)	5 000

2.问答题

完全预混式燃烧器的燃烧速度快,火焰稳定性差。通常采用小火孔,增大火孔壁对火焰的散热,从而降低火焰传播速度,防止发生回火;工业上也采用冷却燃烧器头部的方式来加强对火焰根部的散热,从而降低火焰传播速度,稳定火焰;同时,为了防止发生脱火现象,也可通过火道来稳焰。

附　录

各单一气体在常压 293.15K 的主要特性值

气体名称	分子式	爆炸极限293.5K(上/下)空气中体积/%	着火温度 T/K	燃烧反应式	理论空气量和耗氧量/m³ 空气	理论空气量和耗氧量/m³ 氧	理论烟气量/m³ CO₂	理论烟气量/m³ H₂O	理论烟气量/m³ N₂	理论烟气量/m³ V₁	热值/(kJ·m⁻³) H_h	热值/(kJ·m⁻³) H_L
氢	H_2	75.9/4.0	673	$H_2+0.5O_2 = H_2O$	2.38	0.5	—	1.0	1.88	2.88	12 745	10 785
一氧化碳	CO	74.2/12.5	878	$CO+0.5O_2 = CO_2$	2.38	0.5	1.0	—	1.88	2.88	12 636	12 636
甲烷	CH_4	15.0/5.0	813	$CH_4+2.00O_2 = CO_2+2H_2O$	9.52	2.0	1.0	2.0	7.52	10.52	39 817	35 881
乙炔	C_2H_2	80.0/2.5	612	$C_2H_2+2.50O_2 = 2CO_2+H_2O$	11.90	2.5	2.0	1.0	9.40	12.40	58 465	56 451
乙烯	C_2H_4	34.0/2.7	698	$C_2H_4+3.00O_2 = 2CO_2+2H_2O$	14.28	3.0	2.0	2.0	11.28	15.28	63 397	59 440
乙烷	C_2H_6	13.0/2.9	788	$C_2H_6+3.50O_2 = 2CO_2+3H_2O$	16.66	3.5	2.0	3.0	13.16	18.16	70 305	64 355
丙烯	C_3H_6	11.7/2.0	733	$C_3H_6+4.50O_2 = 3CO_2+3H_2O$	21.42	4.5	3.0	3.0	16.92	22.92	93 609	87 609
丙烷	C_3H_8	9.5/2.1	723	$C_3H_8+5.00O_2 = 3CO_2+4H_2O$	23.80	5.0	3.0	4.0	18.80	25.80	101 203	93 181
丁烯	C_4H_8	10.0/1.6	658	$C_4H_8+6.00O_2 = 4CO_2+4H_2O$	28.56	6.0	4.0	4.0	22.56	30.56	125 763	117 616
丁烷	$n\text{-}C_4H_{10}$	8.5/1.5	638	$C_4H_{10}+6.50O_2 = 4CO_2+5H_2O$	30.94	6.5	4.0	5.0	24.44	33.44	133 798	123 565
戊烯	C_5H_{10}	8.7/1.4	563	$C_5H_{10}+7.50O_2 = 5CO_2+5H_2O$	35.70	7.5	5.0	5.0	28.2	36.20	159 107	148 736
戊烷	C_5H_{12}	8.3/1.4	533	$C_5H_{12}+8.00O_2 = 5CO_2+6H_2O$	38.08	8.0	5.0	6.0	30.08	41.08	169 264	156 628
苯	C_6H_6	8.0/1.2	833	$C_6H_6+7.50O_2 = 6CO_2+3H_2O$	35.70	7.5	6.0	3.0	28.20	37.20	162 151	155 665
硫化氢	H_2S	45.5/4.3	543	$H_2S+1.50O_2 = SO_2+H_2O$	7.14	1.5	1.0	1.0	5.64	7.64	25 347	23 367

参考文献

[1] 姜正候.燃气工程技术手册[M].上海:同济大学出版社,1993.

[2] 同济大学,重庆建筑大学,哈尔滨建筑大学,北京建筑工程学院.燃气燃烧与应用[M].3版.北京:中国建筑出版社,2000.

[3] 卢永昌,胡昱.燃气常识[M].北京:中国建筑工业出版社,1996.

[4] 江孝禔.城镇燃气与热能供应[M].北京:中国石化出版社,2006.

[5] 项友谦,等.天然气燃烧过程与应用手册[M].北京:中国建筑出版社,2008.

[6] 欧文·格拉斯曼.燃烧学[M].北京:科学技术出版社,1994.

[7] 项友谦,等.天然气燃烧过程与应用手册[M].北京:中国建筑出版社,2008.

[8] 伯纳德·刘易斯,亨特·冯·坎贝尔.燃气燃烧与瓦斯爆炸[M].王芳,译.中国建筑工业出版社,2007.